杨少杰 著

中国建筑工业出版社

高校建筑类专业参考书系
The reference book series for the major of architecture in universities

计算机建筑绘画
艺术与技法

图书在版编目(CIP)数据

计算机建筑绘画艺术与技法／杨少杰著．—北京：中国建筑工业出版社，2008
（高校建筑类专业参考书系）
ISBN 978-7-112-10133-7

Ⅰ．计… Ⅱ．杨… Ⅲ．建筑设计：计算机辅助设计-图形软件，Photoshop-高等学校-教材 Ⅳ．TU201.4

中国版本图书馆CIP数据核字（2008）第082363号

　　本书介绍了作者用手绘和计算机Photoshop软件相结合，对图稿进行渲染赋彩，可以形成为水彩、水粉、钢笔、马克笔、中国画（水墨）等各种风格的画种。作者钢笔画功力深厚，书中有大量的钢笔画速写，再加上计算机处理，表现出多姿多彩的风貌。书中详细介绍了绘画软件的运用，基本技法训练，计算机绘画技巧，具体方法与步骤等。根据作者的介绍，再加上个人的勤学苦练，一定可以使计算机真正成为我们表达思想、抒发感情、自由挥洒的工具。
　　本书文字优美，专业知识性强，对建筑设计、城市规划、环境艺术设计、室内设计、工业设计、绘画等领域的专业人员具有一定的指导和启发作用，同时也可作为相关领域的必备参考书。

* * *

责任编辑：杨　虹
责任设计：董建平
责任校对：刘　钰　陈晶晶

高校建筑类专业参考书系
The reference book series for the major of architecture in universities

计算机建筑绘画艺术与技法
杨少杰　著

*

中国建筑工业出版社出版、发行（北京西郊百万庄）
各地新华书店、建筑书店经销
北京嘉泰利德公司制版
北京二二〇七工厂印刷

*

开本：787×1092毫米　1/16　印张：10　字数：244千字
2008年6月第一版　2008年6月第一次印刷
印数：1—3000册　定价：48.00元
ISBN 978-7-112-10133-7
（16936）

版权所有　翻印必究
如有印装质量问题，可寄本社退换
（邮政编码　100037）

楊了志雲腦建無線電重藝術

FOREWORD | 序

原来用计算机竟也能作出这般纯手工意味的绘画，想我们经常在画展里观赏数不尽的美术新作，用我们惯用的绘画语言去品评着作者的笔墨技巧、造型手段，日子久了，不免添了些许迟钝，一次很偶然的机会看见建筑师杨少杰先生的钢笔速写，这些用计算机技巧渲染赋彩的既似水彩又似国画的合成作品，让人顿时眼前一亮。

以往见多了一些计算机图像处理软件制作的建筑效果图、三维动画模型之类的图像，其场景之宏大、建筑细部刻画之酷似，莫不极尽其致。然而，除了叹服数码科技给计算机高手们带来的无与伦比的便利与实惠外，我们两眼仍不免多出些似曾相识的无动于衷。要知道只有共性，没有个性，机械重复，千人一面正是艺术创作所鄙夷的。当然，我们不能否认计算机图像写实与逼真的功效给建筑师乃至图像艺术带来的不言而喻的好处。唯其如此，却又磨灭和淹没了多少原本应展示艺术家们个性和智慧的光芒。而这些独特的个性正是杨少杰的作品让我感到新奇和激动的所在。

作为建筑师他的作品中表现得最多的当然是建筑。但是杨少杰的这些以建筑为主题的作品却没有建筑画的工整规范；也没有像大多建筑画那样繁琐的结构和细节。作者画面中反映更多的是一种整体的气韵；一种借以畅神抒怀的主观情景。作者慧眼独具，于平凡处发现美、创造美；借助鼠标键盘，将一幢幢或古老或现代的建筑幻化为一幅幅具有中国画笔墨韵味的美丽风景线。建筑，它既有自已所赖以安身立命的以实用为主旨的终极目标，同时又将人类的文化成果、精神追求、价值取向以及审美趣味融汇在它宽博的空间里。我们往往被建筑高耸而宽大的外表所蔽障而忽略其背后若隐若现的艺术个性的灵光和神韵。杨少杰的作品，正是捕捉到了这一道道灵光和神韵。

与其说杨少杰是在表现一个职业建筑师对建筑的偏爱，不如说他是以特有的对自然和历史的敏感而将他眼中的建筑幻化为他心灵深处归复已久的桃花源。"万趣融其神思，余复何为哉？畅神而已"（南朝宋·宗炳语）。

现代人生存的重压、工作节奏的快速、生活的单调和重复,无时不在消蚀和磨耗着人们的灵性;社会化大生产,网络传媒信息的神通广大,使我们的世界充满无所不能的张力,却又抑制着人们个性的充分展现。人们越来越渴望对自然的回归并希望与环境和谐相融;返璞归真、向往自由超脱、追求个性的现代意识日益折磨着都市人的心灵。杨少杰的作品里,一个个淋漓酣畅的用笔、一处处轻松而朦胧的意境,无不是现代人内心神往的真实写照。美国得克萨斯州郊外别墅,粗犷而简洁的原木结构构造的建筑,与大自然浑为一体,正和作者心中的追求暗合。所以,作者几乎是一口气完成了它。一片灿烂的秋色之中,溪水潺潺,金黄色的草丛在微风中欢舞,散发出温馨的田野的芳香。原木结构耸立在迷人的景色里,更显得风姿挺拔,让人禁不住欲平步其中,畅怀幽思。在这些作品里,建筑的造型、构成、块面和耸立,都是作者寄情畅神的对象,是纯意识空间里美的旋律的载体,是一处处借以畅神达意的玄妙之境。天人合一,物我两忘,"思飘云物外,诗入画图中",这是我们欣赏扬少杰作品所获得的最强烈的快感。

其次,作为一个职业美术工作者,让我们感受最深的,还是杨少杰的这些钢笔加计算机技巧绘制的作品本身全新的笔墨效果与形式意味。可以说,杨少杰利用高科技的便利,为绘画打开了一扇可以自由自在抒情达意的窗口。这也是杨少杰的作品比我们惯常所见的计算机图像高明的地方。其实,作品中所使用的技巧十分简单,钢笔速写加计算机图像处理软件渲染赋彩,但二者在作者的手下巧妙而个性化的融合,达到的效果却令人耳目一新。尤其是计算机技巧的娴熟而灵活的运用,是作品成功的关键。他克服了计算机绘图出现的轻浮、流滑、肤浅、呆板的弊病,利用块面、层次和结构描绘建筑对象厚重结实的形体,抓住对象的光影和明暗层次烘托景物的整体气氛。无论是繁密复杂的古建筑群体,还是简洁明快的现代建筑,都在画面中充盈着一种活泼轻松、朦胧而透明的神韵。

艺术本身最主要的特征是技巧。这里所说的技巧从广义上来讲,既包括每一门艺术传统的技巧,也包括被富有创造性的艺术家之手所改进了的技巧，这就是艺术的本质。计算机在杨少杰的手里，已不是简单的机械式重复命令，而是化作了充满个性张扬可以自由抒写的画笔。他的画有个性、有笔触、有技巧、有意味。高科技的普及便利而无个性的弊端最终还是融合在他独特的意味形式里变得魅力无穷。

陈文平
2004 年于海南

CONTENTS 目录

第一章　计算机钢笔绘画应用软件技法　8
　第一节　引言　10
　第二节　绘画工具　11
　第三节　传统绘画精华的吸纳　17
　第四节　计算机绘画技术与艺术　19
　第五节　计算机建筑画意境的表现　21

第二章　计算机绘画方法与步骤　24
　第一节　计算机水彩画步骤分析　27
　第二节　计算机钢笔水彩步骤分析　32
　第三节　计算机水墨画步骤分析　35
　第四节　作品欣赏　38

第三章　计算机钢笔绘画——建筑　40
　第一节　建筑画技法　42
　第二节　建筑画作品实例　42

第四章　钢笔速写方法　74
　第一节　钢笔速写方法　76
　第二节　钢笔画作品实例　77

第五章　计算机绘画室内与环境小品实例　122
　第一节　计算机钢笔绘画——室内　124
　第二节　计算机钢笔绘画——环境小品与人物　135

第六章　用 Photoshop 绘制建筑效果图实例　144

后记　152

作者简介　156

感谢　157

第一章
计算机钢笔绘画应用软件技法

建筑师在创造、构思过程中面临最大的挑战,是如何明智地选择恰当的手法来表现心中的思想和画面,那么尝试着把计算机作为画板,鼠标作为画笔,用心灵的笔触,去拨动欣赏者的心弦,使你与之共鸣。

第一章　计算机钢笔绘画应用软件技法

- 绘画技法是一种针对特定的画种工具，运用软件性能把握、运用的技术手法和技巧方法。它因工具、材料的差异性形成了不同的画种和技法要领，直接体现出绘画者的心声及作品本身的艺术品质。其实，任何技法都是从最基础的训练开始的，随之深化并趋于成熟。
- 其他画种绘画都离不开纸和笔，本书所列举的计算机绘画，就是运用Photoshop软件形成的一种独具笔意特点的建筑绘画风格。它不受时间、气候等客观环境因素的影响，赋予大家充分的展示空间，在这里你可以尽情地抒发心中的想像。下面将介绍的是如何运用Photoshop软件进行最基础的练习步骤及方法。如：色彩的叠加，工具的运用，如何排线、退晕、画面组成与复制等。相信经过一段时间的练习和积累，你会发现其中的奥妙并从中受益。

第一节　引　言

　　建筑的艺术创作在其表现技法上积累了许许多多的绘画技法和表现形式，诸如铅笔画、钢笔画、水彩画、水粉画、马克笔和彩铅画。在表现方式上有具象的、抽象的、写意的及概括性等特征，无论采用什么形式的绘画，基本上反映出了设计师设计构思的心路历程，对设计构思的延伸，使思想通过画面最终成为建筑产品，发挥了重大作用。

　　但是睿智的人们并不满足于对传统技法的沿用承继，而总是执着地研究和追求着某种新的表现方法、新的意境。追求着属于自己的个性化语言，并以此开拓新的境界。

　　时代的变迁，在文明日趋发达，东西方文化广泛交流及各个学科交相渗透的今天，人们的思想感情也在不断地发生着变化，人类回归自然的心情更加迫切，愈来愈需要一个更为广阔的自由翱翔的天地。于是建筑师们借助于现代文明之力，借助于计算机、数码科技，奏起了建筑绘画的新乐音，照片般真实的图像曾打动了无数观赏者的心，也给建筑师们带来了前所未有的便利，但是却扼杀了许多活力和创新精神。今天我们面对丰富多彩的大千世界，面对现代人复杂难测而又渴望自由表现的心灵，面对建筑创作的技术与艺术的发展和多方面的审美需求，建筑绘画固有的表现方式和技法及其工具都受到了严峻挑战。

　　"神与万物变，智与百工通"（苏东坡语）。计算机建筑绘画以其随意、快速、高效、参与人的思想意识，在丰富多彩的表现中参与艺术的创造，突破了传统绘画工具的束缚和技法表现的瓶颈，接纳了传统绘画的精神而变得生机勃勃。

应该指出，技法本身及其创新不是目的，而是为了实现一定目标的工具而已。也就是说在研究运用新的工具所呈现的不同表现方式和绘画技法，并不是为了炫耀它是何等的丰富和美妙，而是要以更自由、更恰当的语言，任设计师的思想放飞，自由自在地表达设计人员主观情感和感受，塑造建筑艺术形象、创造意境、手段的一种途径。

在建筑艺术表现上，利用计算机这一现代工具，所表现的特殊效果及其所特有的形式美感，对于建筑的创作、意象的表达和情感的宣泄，对于某些特定气氛以及建筑物质感的表现，摆脱照搬生活的桎梏，使环境、建筑的美得以升华为艺术之美，都有着不可忽视的作用。

研究它、驾驭它，为我所用，用于建筑艺术的创造。倘若本书能够给人以启迪，给设计师创作带来无限遐想的空间，引发建筑绘画的"语言革命"，在建筑绘画领域中开垦新大陆，建筑绘画灿烂的未来将更加丰富多彩。

第二节　　绘画工具

一、绘画工具——硬件

就绘画工具而言，各种绘画工具技法的运用都有着各自的特点与个性。但我还是偏爱用计算机作为绘画工具，它最大的特点是不受时间、空间的限制，可以随心所欲地表达设计师的思想。它快速有效的表现、融汇吸纳各种绘画的表现手法，是其他传统工具所不能比拟的。计算机绘画，可以根据表现对象的特点，用笔可浓可淡、可粗可细，可以画刚劲有力的线条，也可以画柔和匀称的体积感。它的笔触可细柔如丝、精致细腻，也可粗犷如泼墨、奔放豪迈，用简练的笔触表现出含蓄而丰富的内容。

常用的工具：

传统工具	现代工具
纸张 ————————————————————	显示器
画笔 ————————————————————	鼠标
大脑 ————————————————————	键盘
思想 ————————————————————	思想

二、绘画软件——Photoshop

Photoshop软件本是一个图像后期处理软件，就其强大的功效，足以使人感到在其功能基础上，在深度、广度、技术层面上向更高层次延伸的可能性。正是这种可能性让我们能够感受到一种神奇的力量，一种心动的欲望，一种轻松愉快的体验，在心路之旅中，去创造一种全新的绘画形式。

动手去实践一下Photoshop的主界面，双击图标打开Photoshop软件，呈现在你面前的是软件的主界面，如下图所示，我们不必为屏幕上显示软件的多个界面上的众多工具栏感到害怕和无从下手，通过一步一步认识和了解，你会很快地发现在众多的工具栏中，我们经常使用的有独特表现力的工具只有几种，一步一步学习实践，在快乐的创作中，就会在不知不觉中将软件的精华轻松掌握，最后驾驭它，使之成为你手中表达思想的画笔。

● 软件的主界面

文件　编辑　图像　图层　选择　滤镜　视图　窗口　帮助

文件——主要是文件打开、存储之功能，其他栏目很少使用；

编辑——编辑栏，本书绘画中很少使用；

图像——主要使用图像分辨率和图幅的尺寸；

图层——图层的合并与清除；

选择——一般不使用；

滤镜——可用来增加艺术表现形式的工具，本书很少使用；

视图、窗口、帮助——很少使用。

● 认识工具栏——基本的功能

选框工具（常用）	移动工具（常用）
魔棒工具、套索工具	直线、曲线（常用）
画笔工具	喷笔工具（常用）
历史记录工具	图章工具
铅笔工具（常用）	橡皮擦工具
涂抹工具加深	减淡工具（最常使用）
文字工具	钢笔工具
渐变工具	标尺工具
油漆桶工具	吸管工具
放大工具	移动工具
前背景色	蒙板屏幕模式

1. 画笔画板

有三个选项，一般绘图时用途最多的还是画笔面板，可用于绘画和编辑画笔的大小和形状以及画笔、喷笔、橡皮擦和铅笔的力量强度、面积及画笔的尺寸。对于画笔工具选取"湿边"可绘出水彩效果。

2. 功能面板与工具栏

　　喷笔工具——选项栏中的笔压；
　　画笔工具——调整透明度和湿边；
　　加深工具——调节曝光度0～100。
　　此栏功能在绘画中使用较少。

3. 历史记录板

是对绘画过程中，应用工具全部工作过程的显示，根据画面需求，可删除错误的用笔和记录。

4. 图层块

绘画过程中，图层块是不可或缺的，也是面板中的精华所在。就像手工绘画层层渲染一样，通过不同层面的控制可以改变不同层的色彩属性（溶解、色相、饱和度、亮度等），也可以使不同层面的色彩改变其透明度。

三、基本技法综合训练

1. 色彩组合喷绘练习

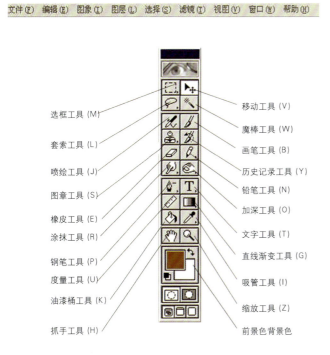

图层与色彩练习

(1) 在不同层面上利用选择工具，喷绘用红、黄、蓝三种色彩。

(2) 分别改变图层透明度进行排列组合，所产生的不同色彩。

(3) 三种色彩组合形成新的色彩效果。

(4) 喷笔，用选择工具选择所要喷绘的形状进行单色喷绘，喷笔的接触点与线框远近产生深浅不同的效果。

(5) 在同一选框内喷上不同的色彩形成色彩融合交融的效果。

(6) 图层叠加，色彩深浅、透明度的不同所达到的空间距离、层次、明度也不同。

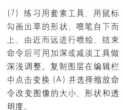

(7) 练习用套索工具，用鼠标勾画出草的形状，喷笔自下而上，由近而远进行喷绘，结束命令后可用加深或减淡工具做深浅调整。复制图层在编辑栏中点击变换 (A) 并选择缩放命令改变图像的大小、形状和透明度。

2. 排线练习

(1) 排线：用铅笔工具根据画面要求选择粗线或细线，并进行复制（键盘 Alt+ 移动工具）后用点击栏中向下合并工具合并线段图层。

(2) 复制：合并的图层复制形成一个新图层，然后交叉放置，形成交叉叠加的深浅效果。

(3) 通过图层栏中的不透明度100%把第二层的排线变成50%～10%，达到透明度不同的效果。

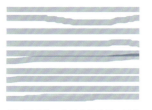

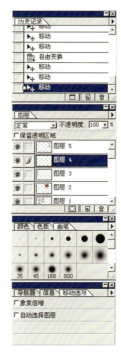

(4) 用毛笔工具画出粗排线，用右图图层栏把不透明度100%减淡为40%（可自行掌握）。在第一层后面另建一层，用毛笔工具随意连线。第二层的线条会反映出来形成叠加的效果。

(5) 复制图层改变透明度并利用加深减淡工具形成退晕效果。

(8) Photoshop软件的强大功能为我们的设计提供一个很好的施展平台，就建筑绘画而言，只需掌握几道简单的命令和必要的技法就可以表现出不同风格的建筑画。如马克笔潇洒的笔触，水彩画透明与灵动及特殊的肌理表现等等。本章选择一些具有代表性的技法，愿大家在创作中得到乐趣并激发创作的灵感和欲望。

(6) 将所有图层改变透明度（100%~5%）之间，形成了朦胧效果。

(7) 进行适当调整：许多不同的特殊效果呈现在眼前。
综合练习：用不同色彩、不同图层、不同透明度随意组合，并利用编辑栏内的翻转工具。

3. 特殊技法练习

(1) 基本形态的建立、套索和喷绘。

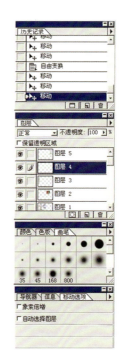

(2) 复制、变形缩放，套索部位加深或减淡，增加光影感，铅笔工具点击画面。

(3) 绘制草坪，套索加深或减淡，增加光影。
复制
翻转
改变透明度
注意：组合排列，不同图层的关系。
复制、变粗及光影效果和组合画面不同层的空间感。

（4）套索勾出草的形状，喷色、加深、减淡、复制及变形或缩放，改变透明度。

4. 综合技法练习

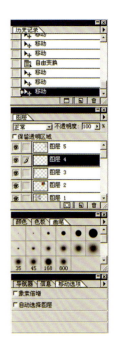

（1）利用矩形选框工具，用喷枪喷出不同色彩的画面，用套索工具套住所要表现的画面，点击键盘Delete键。

（2）选择套索工具用鼠标随意在画面选择表现对象，用加深工具对画面进行加深或减淡处理，或留出空白。

（3）在画面上对不同层进行练习（毛笔、铅笔），并改变图层关系和透明度，形成水迹效果。

（4）在画面上选择一幅有纹理的图片，用魔棒工具点击选择的内容，并把图层放置在原画面上，用加深工具加深或减淡从而形成特殊的肌理效果。

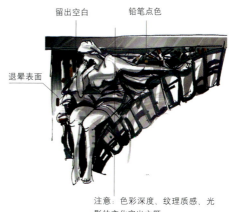

(5) 窗框进行复制 V+Alt 点击鼠标。

窗框的下一层喷绘玻璃色彩,用套索工具索住画面,用加深工具减淡,形成光影效果。

在门框的后面玻璃层面上索套,加深或减淡,形成光影,通出一道门,并复制。

注意:色彩深度、纹理质感、光影的变化突出主题。

第三节 传统绘画精华的吸纳

  计算机绘画是利用人的思想,在鼠标的摆动下,使每一根线条、块面都充满着生命的张力。你所能够想像到的色彩、笔触、肌理、形态和构思都可以融入画面里,情感流于键盘鼠标之中,这就是计算机绘画。作为计算机绘画艺术,除了掌握软件的特点外,更应该是博采众长,海纳百川,一切优秀的传统技法为我所用,用有所创,并在创中形成独特的风格和个性,首先让我们来看看传统的不同画种的主要绘画特点。

一、水彩画表现技法

水彩画是诗画性的语言。

- 特点:以其水意的酣畅,色彩的洗炼,用笔的洒脱表现出景物畅快、雅致灵动的艺术效果。
- 特质:透、薄、轻、秀、空、灵。

渔村系列之二(作者:柳毅)

水彩绘画艺术中,水与水的交融、色与色的渗透,形成了水彩画语言的独特之处,从美学的内涵来讲有一种诗话性。在流动、距离、空灵的虚拟氛围之中,形成画面以外更广的艺术氛围。水彩绘画,重写意,表宽境和情趣,用特殊的抒情语汇写就了一首浪漫主义诗篇。

《南戴河所见》(作者:董克诚)

用计算机绘画技法,临摹一副优秀的水彩画作品,对绘画技法的提高、艺术素质的培养是很有帮助的,可以从中体会到许多你所感兴趣的东西,如构思、色调、用笔、环境的气氛及与之相关联的思想情感。计算机绘画就是在研究其他画种基础上得以提高的。

- 笔法美：通过运笔的强与弱、速与缓、轻与重、收与放、奇与正的对比，产生水彩画含蓄飘逸的笔意美。
- 特性：透明性。
- 技法：用笔有极丰富的变化，点、勾、涂、染、皴、擦、扫、拖、揉、洗。
- 特殊技法：撒盐法、洒水法、遮盖法等等。

对于水彩画来讲，水如同人的血液一样，赋予色彩以生命，它是水彩画的生命，作为建筑设计和其他专业的设计师很难把握，很容易造成画面的"生、灰、粉、脏、花、焦等弊病"。

二、马克笔表现技法

马克笔引入我国已有十年多的历史，马克笔以其色彩艳丽、笔法明快、着色简洁的独特魅力，正受到广大设计师的青睐。

- 马克笔的特点：色彩强烈、笔触清晰、风格豪放、表现力强。
- 技法——排线、排面、单色重叠、多色重叠、同色渐变、色彩渐变。
- 作画步骤：作画由浅至深、由远而近、由局部过渡到整体。
- 综合：可与水彩、彩铅、水粉等配合使用。
- 易出现的毛病

由于色彩的附着性、渗透性较强，不易修改，色彩的溶合性较差，很难形成大幅感人而有气氛的画面，色彩单一，难于保存等缺点。

①得克萨斯的休斯敦办公大楼
（彩色马克笔，设计绘制——IVOP．德皮克）

②得克萨斯的休斯敦办公大楼
（彩色马克笔，设计绘制——IVOP．德皮克）

上述两例，是用马克笔快速表现设计构思的两例效果图，展现了设计者沉稳的建筑绘画风格。建筑绘画是发展思维和记录瞬间思想火花的工具，通过绘画过程，使设计思路逐渐清晰和集中。

三、中国画表现技法

"笔墨"是中国画的术语，国画所追求的艺术效果之一是"笔精墨妙"。

- 用笔：中国画讲究用笔有力，所谓"力透纸背入木三分"。行笔的徐疾、顿挫、转折，笔在纸上所画的点、线、面都是用笔的关键。

江南早春（作者：范文保）

斯洛文尼亚朗湖（作者：范文保）

范文保先生将他的许多速写推向了中国画的范畴，他的笔墨境界表现出浓郁的东方诗意和温馨的情调，在会话语言框架中，他的笔墨，构图虚实的张弛，总是在抒情风格中洋溢着一种内蕴灵秀的气质，潇洒的线条和渗化的渲染形成了独特的风格。

- 用墨："五墨六彩"。

"五墨"：指焦、浓、重、淡、轻。

"六彩"：黑、白、干、湿、浓、淡，其实"五墨六彩"是指画面的层次变化。

- 技法：渲染、晕染、承染、破墨。

第四节　计算机绘画技术与艺术

　　水彩画的飘逸、空灵，马克笔的笔触刚劲、风格豪气，中国画的意境，都是计算机绘画所要学习和传承的。计算机绘画是在吸纳各种绘画技法精华的基础上借助于计算机（硬件 + 软件）这样的工具作为平台。用人的思想，加上眼手心的配合协调，来协同完成的。计算机绘画及建筑艺术表现和其他绘画艺术一样，需要有坚实的造型基础和绘画技法做支撑，需要设计师有良好的想像能力和艺术修养，并通过画面感人的构图、色彩、光影、笔触等艺术语言传递给对方，作为交流手段的一种形式而存在。

一、计算机绘画的技术层次的掌握

- 计算机的硬件和软件的熟练和掌握，特别是对软件工具的熟知，认识工具的用途、工效及效果。
- 学习各种传统绘画的艺术语言，通过综合训练、临摹，由抄到超，从而形成计算机绘画的独特艺术风格。
- 加强基础训练（素描、速写、色彩），增加各种信息量的储存积蓄，帮助我们有效地观察、分析、理解表现问题的能力。能够快速准确地表现对象的空间关系、形体特征，在训练过程中去发现美的规律。故平日应勤于思考，提倡手勤、脑勤，对感觉的保持和技法的提高有极大的帮助。

- 用计算机临摹作为绘画训练的方法是一种途径，可以在临摹的过程之中去感受到优秀作品的魅力所在，技法、构图、色彩及体形、体量及相互间的处理关系，提高自身的表现能力。

二、计算机绘画艺术素养

　　学习计算机绘画，并不是表面上的认识和掌握，画几张表现图而已，而是通过技术手段去表现和解决设计中的思想、情感和价值取向，一个设计师是否成熟，就在于他是否能够灵活运用绘画的艺术语言去感染人。

　　中国古典画论中"由技进艺"、"由艺进道"也正是艺术创作的实质所在。建筑设计是一种综合的艺术，而设计过程中的建筑绘画的构思表现演化，注定了建筑产品的风格个性、艺术效果。

　　建筑艺术的表现本质最终是表现一种思想和情感，计算机建筑绘画就是对这种情感形式视觉化的必要手段，同时也是建筑终极产品过程中不可缺少的一个重要环节。所以要重视如下问题：

（一）观念的转变与更新

- 每一个好的建筑设计作品，方案阶段的建筑表现，其实是在表达设计者的思想和精神实质，观念的转变是对计算机绘画的认识过程。
- 计算机绘画和方案设计，不仅是速度上的解放，更主要的是突出了思维的"焦点"，体现设计者思维的心路历程。
- 便于学生与教师之间、审查者与被审查者之间的交流，是更高形式的"互动式设计"。
- 计算机在现实生活中已不可回避，与其消极的"观望"，不如积极的"引导"，计算机绘画提供了一种可以充分展示设计师才华的技术平台。

（二）感觉的积累

　　学习计算机绘画并不仅仅是认识和研究计算机的操作、运用规律和技法的运用，而是要更好地学习和掌握一套建筑计算机绘画的艺术语言。

　　感觉是一种无形的力量，是长期认识自我、完善自我的过程，而这个过程是为了增强设计者绘画语言表达的个性倾向、审美情趣及追求，从而恰当选择合适的绘画语言去表达建筑环境特征及气氛的感受。设计作品中的主题，除了绘画技巧之外，"感觉"才真正使整个图画熠熠生辉。

（三）风格的形成

　　建筑绘画是设计人员用来表达设计意图和过程的手段，除了准确、严谨性之外，建筑绘画还应该追求艺术感染度。一般建筑师形成自己作品独特的风格大致是经过模仿、探求、自成一家的艺术风格这三个阶段。

　　计算机绘画是现代文明涌现的一种新的画种，其本身具有很高的艺术特征。要充分认识自己、发现自己、发挥自己，一个随人俯仰的人是寻不到自己的风格的。只有将汇集于心灵之中的灵动之气凝聚于自己的构思图画之中，使审美的感性显现在自我风格的理性之中，计算机建筑画才有生命。

建筑绘画是接近于真实的艺术，技巧的学习一开始就应与自己艺术风格的培养相结合，风格个性是建筑师自身宣泄的节奏和其自身文化积累释放时的秩序。正如雨果所说："未来属于拥有风格的人"。

三、计算机建筑绘画与创造

计算机建筑绘画是通向目标过程的一种构思的工具和媒介,这个目标就是建筑。对画家而言，建筑是用来创造绘画作品的一种题材，对设计师来说，所表达的是建筑本身的问题，两者之间有差异，也有相似之处，其最大的共同特征是艺术问题。

建筑绘画是通过艺术情感的综合积累，在客观性、科学性、艺术性、创造性的基础上达到"艺术地再现真实"。所以经验的积累是对"艺术地再现真实"最基本的保证，同时亦是建筑创作的最高境界追求。计算机绘画作为一种工具，具有简单快捷等特性。但是如果将计算机作为我们手中表达思想情感的工具，能够通过计算机来表露我们心中最美的诗情画意，在运用工具过程中体现一种激情与活力的话,我们这种观念就会改变了。我们可以根据客户的需求、建筑的特征、时间的限制及审视者的习惯，制定不同的表现方式，可以是意象的，也可以是写实性的，还可以是高度概括性的。

1. 意象性建筑绘画是计算机绘画中较为随意的一种表现形式。它轻松地表达审美情趣和内心的感受，舍弃小细节，重写意、印象和感觉，是设计师在前期构思中记录思维轨迹一种较好的形式。

2. 计算机写实性绘画

技法的突破孕育了新的作品个性，也构成了计算机建筑绘画艺术语言的框架。计算机写实性绘画在这里所讲的并不是建模和按软件固定的秩序来绘画。而是用心和手，借助计算机的硬件和软件来完成的。它可以用来表现细腻的、构思准确、空间关系较为真实的建筑和场所。也可以用来表现成熟的设计方案。

3. 计算机概括性绘画

概括性绘画是用最简单的方法，高度概括的笔触和色彩，表达画的核心内容和主题思想。

第五节　计算机建筑画意境的表现

艺术可以反映人类思想和意识中较为活跃的部分，其价值在于它拒绝教条和束缚，而给人以充分的自由的空间。如果说思想意识依附于载体表现出来，反过来载体必然具有一定的形式,这种形式具体显现在表现建筑的造型、尺度、色彩、光影结构等因素。除此之外，建筑并不是独立存在于自然环境之外的物质，而是与自然环境密切相关的整体，因此表现建筑不可忽视环境性、时间性、季节性及气候的特征，它是设计表现艺术的语言，计算机绘画艺术过程之中语言的表达是通过画面的表现传达出来的一种画外意境，留给人们更多的思维空间。

一、环境特征

建筑是环境孕育的生命，不同的地域环境特征塑造了不同的建筑文化、风格和形式，建筑总是伴随着特定的环境而生长的。建筑的环境特征包含着两个主要特征，即地域性和地点性。

地域性环境，主要是建筑设计过程中，综合考虑不同环境的文化、风俗、气候、生态等内容，它既有物质方面的，又包括精神方面的。地点性环境，主要是建筑所处环境地段的具体特征，如，环境地段的功能构成因素、环境气氛、建筑的比例、尺度、色彩等等。

计算机建筑绘画与表现，离不开表现环境，所以要根据上述的环境特征，有目的地运用不同的表现手段，使绘画反映出环境的个性，把所要表达的精神与环境气氛结合起来。

《静静的一刻》是绘画捕捉到夕阳西沉时最后一缕阳光照射大地的情景。作者将绘画技法与表达的主题内容很巧妙地衔接起来，如对比色的运用、明暗的对比、用笔的柔和、省略细节追求总体气氛的营造等，表现出一种祥和宁静的场景。

《铁路线的末日》水彩（作者：鲁宾 · 沃尔夫）

将这幅作品提出来主要想说明，绘画与环境场景，气氛及作者感情表述之间的相互关系。美国重工业的没落、衰退、荒废的工厂，暗示着不可抗拒的时代变革与发展。色调的处理，宁静气氛的表现，都强调了场景的荒凉，画面中通过铁路线延伸方向的光线，又能感受到一种新曙光的来临。

二、气候特征

"九寨沟的天气多变，一会儿晴，一会儿阴，一会儿雾，一会儿雨，也有同时出现东边云雨西边晴的现象。天气变感觉也变，雨水洗过的九寨沟像一幅图画，阳光沐浴着的九寨沟，像一幅油画，云雾缭绕的九寨沟，则是一首朦胧诗"。这是左夫先生在深秋季节用散文手法描写九寨沟的气候特征和心理感受。文学、电影、戏曲、音乐等诸多艺术作品都寻求不同的方法和技巧利用气候特征和天气的变化来表达作品的主题思想。

计算机绘画同样利用自然气候特征，来充分的刻画所要表现的对象，及建筑物在自然界不同气候中所显示的光色变化的感人效果。

晴天：阳光普照、空气清新，景物受阳光的照射，轮廓分明，色彩鲜明，阴影清晰。

雨天：雾霭沉沉、乌云笼罩、色彩灰暗，景物朦胧深邃。

雪天：冰雪覆盖大地，没有太多的包装和掩饰，一切都是宁静、单纯和清冷的。

计算机建筑绘画离不开表现自然气候的特征，它是一种添加剂，给画面一种深刻的意境。

港边的树（作者：大卫理勒 · 米勒德）

《港边的树》作品中，展现的是米勒德鲜明饱和的色彩，具有强烈的对比的色彩，大胆果断的用笔来描绘海港边的深秋景色。注意画面留出了大面积白色，使画面更具活力。

三、时间特征

　　一轮硕大的落日，将要陷入苍茫的天际，天地间顿然由寥廓澄明演变为静穆与庄严。一天里最美的是晨光，一种潜在、混沌的美，是一种阴阳交替时刻的韵味和壮观。随着一天时间的变化，光色和气氛会发生不同的变化，不同的时间段建筑及环境表现有着不同的表现方式，绘画中应能抓住不同的时间变化，深入刻画环境的时间美学特征。抓准不同的色调来渲染画面的气氛，表现一定的意境。

四、季节特征

　　一年四季，不同的季节特征给计算机建筑绘画的艺术创作和意境的表达提供了广阔的空间。不同的季节、不同的色彩，不同的感觉。只有向自然学习，把握自然规律，细心观察，用不同的绘画技法和不同的色调来表现建筑物环境的季节特征。
　　创作个性鲜明的建筑画，有赖于设计师在审视自然规律时对所表达的建筑构思主题思想，有赖于观察生活的独特角度和见解，有赖于观察和思维方式的突破，才能情感真挚，在广阔的空间里，找到属于自己的艺术语言。

第二章
计算机绘画方法与步骤

　　有人误以为,新技术的充分应用将直接影响我们的思考和潜能的发挥,其实不然,通过如下的画例中过程和步骤的再现,你会发现,计算机可以借助人的思维和情感,转化成一种抒情达意的工具,就像画家手中的画笔,随思想去飞扬。

第二章　计算机绘画方法与步骤

　　计算机绘画吸取了传统绘画艺术的精髓,传承并发展成为一种新的绘画方法和艺术特质。它既体现出方便快捷的特点,也具有很大的实用价值和艺术审美价值。计算机绘画突破了传统绘制建筑画的瓶颈。结合现代科技的应用,使建筑绘画的表现形式丰富而充满张力。

　　建筑绘画是一种形象且富有情感的语言。建筑设计师通过建筑绘画将设计理念传达给大家。这是艺术与技术的统一,是设计师在构思建筑形态过程中,结合建筑所在的时间、地点、环境、氛围等方面的综合表达。通过形体组合、光线应用、色彩搭配等的巧妙运用,展现出画面的层次感和形式美感。这种艺术效果也是设计师精神和情感的真实流露。

　　一幅好的建筑绘画作品既能达到建筑与环境的和谐统一,也不失环境本身的特性。我们应从不同的角度和层面上用心去观察,去表现画面中应展现出的节奏与韵律、结构与体积、动态与静态、光与影的整体性的协调。建筑绘画展示并集中体现了建筑师在建筑艺术创作中的艺术思想、观念、技艺、艺术境界上的造诣,创造新的画面艺术效果,新的艺术表现形式,以独特的画面表现形式去感染观赏者。

　　计算机建筑绘画是通过体验、立意、构思、构图的方式表现主题,如本章"美国西部的木屋"之雪。这幅建筑绘画是建筑师西萨·佩里的作品。画面所揭示的是建筑师对建筑创作的思想"把我的设计赋予一致美的回应",就是把建筑植根于环境中,体现出对人性和自然的尊重与理解。如何表现这栋建筑,如何体现出建筑与环境美等。这是绘画之关键所在。因而在这幅画中需要明确以下几种表现关系。

　　主体——小木屋,在阳光照射下,倍显温暖。
　　构图——沿视线平衡展开富有安逸、祥和、平稳之感。
　　配置——坡地、树木、人物、山脉、天空与建筑的相互关系。
　　季节性——有阳光的冬日。
　　色调——冷与暖的对比与协调。
　　艺术表现——突出表现了建筑是环境孕育的生命这一思想和艺术的主题。
　　绘画步骤详见后述。

　　本章中的其他几幅绘画是利用计算机和Photoshop软件完成的建筑、环境、室内绘画作品。从不同层次和技法上展现计算机绘画的特点,从绘画步骤方法上去领会并致力于创造出更好、更实用的方法和技巧,来充分发挥计算机绘画的艺术特色。

第一节　　计算机水彩画步骤分析

　　画西萨·佩里的作品要领会孕育出这栋私人住宅木结构的建筑场所精神，在同样的地点不同的季节里，给人的视觉会带来别样的景色。当我置身在雪的寂静之中，感受到它的祥和与温馨，一种冲动油然而起，这幅画虽全部用计算机诠释，但利用水彩技法，表现出一种银白空朦、朴素之美。西部旷野雪天的冷漠，建筑的结构及色彩给人以温暖之意，寂静而空旷更显出生命的充实。米勒所说："任何艺术都是一种语言，而语言是用来表达思想的。"我想西萨·佩里的建筑作品，植根于环境之中，揭示一种对人性的关怀、对自然环境尊重的初衷。正如西萨·佩里所说："我趋向于把我所有的设计赋予一致美的回应"。

美国西部私人住宅——冬

美国西部的木屋……雪

　　美国西部的冬天非常寒冷，树木一片枯黄，但阳光普照会带给人一种温暖的错觉。这幅作品依此基调，使整幅画面显得银白空朦，祥和恬静，优雅而富有意境。作品吸纳了中国水墨画和水彩画的单纯、透薄、轻盈、空灵等诗意性的手法，使作品有了生命。计算机的使用、技法的吸收，孕育了新画种的诞生及作品个性的张扬，同时也构建了个人风格化的艺术语言平台的框架。

（1）第一步，首先画出木屋的外部结构形态，处理好画面的亮面、暗面、阴影之间的相互关系，表现出木结构在阳光照射下温暖的感觉。主要技法：复制、放大、缩小、加深、减淡改变透明度以及切割等技法，处理好建筑物的基本色调。

（2）第二步，画出木屋前面的雪地，凭着对雪的感觉用套索工具移动鼠标框出雪地的阴影部分，用喷枪喷绘色彩（注意喷枪的远近、色彩的浓淡关系）阴影部分可以复制，或加深、变形，根据总体构图要求改变透明度。

（3）第三步，进一步深入刻画雪地细部，方法与（2）相同，雪地部分留白，用涂抹工具在阴影与雪交汇处柔化形成自然衔接（注意：整体的联系和形态的把握，雪地厚度要深入刻画）。

（4）第四步，背景树用铅笔工具随鼠标移动画面枝干的基本形状，多次复制组合变形叠加在一起。雪松：点击鼠标用套索工具可画出轮廓喷绘绿色，后复制。在改变透明度时要把握好距离感和层次感。

（5）第五节，利用铅笔工具移动鼠标，画出前景的树干，画枝干时注意树的形态，然后复制、变形、缩小、组合，一组生动的树就呈现在画面上，雪地的小树也是用此方法绘制的。

(6) 第六步，选择一张天空的背景图，放置在画面的最后一层，用魔棒分别选择蓝天、白云及白云下部的灰色，在不同层面上对应喷上蓝灰白色（注意天空与雪地的呼应），不同的画种有着不同的思维方式和技巧，计算机绘画其实也是一种随心所欲的心灵表述。

　　在漫漫水溪边，晓雾将尽的郊外，空气里弥漫着秋天的气息，显得天空格外的清新和蔚蓝，一栋木结构的建筑置于秋色之中，在阳光的照射下显得灿烂动人；红色的土地上，郁绿的草丛，在雾露之下，显得迷离朦胧；画面中，前部凋零的树干，虽叶落但枝干依然挺拔，后面的树较为丰满。用色彩准确地表达了夏末早秋太阳初升时的湿润感觉。

美国西部私人住宅——秋

(1) 第一步，木屋绘制：新建一张画纸，用直线工具直接在画面上画出木屋的形状。

(2) 第二步，木屋整体形态的把握，色调的统一与变化，画出阳光穿过木窗格照射在墙面上的光影。

(3) 第三步，另建一层画出木屋前部的草坡，用套索工具点击鼠标画出坡地的沟坎。

(4) 第四步，画出坡地下面的草地，中部留出小溪的自然形态，并在坡地上另建一层，喷出生长在草地上的绿丛，套索工具用手拉动鼠标，上下勾线、切割，使草丛更加自然。

(5) 第五步，深入刻画地面，注意地面与水面的融合以及草丛反射在水面上的倒影（画图复制、翻转、改变透明度）。

（6）第六步，喷出水面的色彩，拉动鼠标，切割出水面的光影（画水面色彩时，要注意后面所绘的天空色彩）。

（7）第七步，新建一层画出远处的树和山体，注意表现远山的朦胧感觉和湿润感（像水彩画的湿画法）。

（8）第八步，用铅笔工具画出前景的枯树，复制组合，注意树的自然形态，复制木屋后翻转画面，形成水中木屋的倒影，最后喷绘天空。

此画充分运用Photoshop软件的特性，用几道简单的命令，表现出西部原野深秋的整体意味，真实地描绘了深秋大地自然而朴实的意境，给人以清闲淡雅、抒情之感。

第二节　计算机钢笔水彩步骤分析

室内设计是一门塑造空间环境氛围的综合性艺术。通过一定的表现手法，设计者可以将头脑中瞬间的想法跃然纸上。作为交流沟通的形式。如何快速有效，生动地表现构思和想像，手绘加计算机着色的应用无疑是一项有益的尝试。它打破了计算机费时、呆板的形式。借助手绘与计算机，突破了室内设计难于表现的障碍。从而找到了一种介于两者之间的新的表现技法。

怎样才能绘制出一幅好的室内设计表现图呢？应从以下几方面入手。

1. 正确的透视关系，合理的构图，营造出室内的气氛。
2. 恰当的比例、尺度、统一协调的整体感。
3. 协调好色彩的搭配，光感的表现，质感的反映。
4. 室内整体环境气氛的营造与整合。

(1) 第一步，打开 Photoshop 软件，新建图层，图面尺寸 42×27，分辨率 200Dpi。另建一层用直线工具，按下键盘 Shift 键，根据透视关系画出室内轮廓线（直线粗细可调节）。用铅笔工具，按住鼠标画出床的基本形态。

(2) 第二步，用直线工具（直线选项设置到12）画出顶墙转折关系。用喷枪绘出床罩、枕头、床单的色彩（注意床面的质感和厚重感）。

TWO

（3）第三步，用多边形套索工具勾出家具轮廓，用喷枪着色，利用加深工具对家具局部进行加深或减淡处理，增加质感和光影效果。

（4）第四步，用多边套索工具，框出墙面后进行喷色，并改变其透明度（多层面进行）。

（5）第五步，细部整理，对台灯、画框、坐椅、花瓶等细部进行刻画（可以把积累的素材复制到画面上）。

(1) 第一步，把钢笔画扫描存入文件夹内，打开并点击魔棒选取白纸，按 delete 键割去白，留出线条。

(2) 第二步，在钢笔画下层用套索工具锁套远处的建筑，后喷色。

(3) 第三步，喷绘近景建筑色彩，注意图层关系的光影变化。

(4) 第四步，用加深工具进行局部加深或减淡，并局部留白。

(5)第五步,绘制地面、树丛、倒影和光线,点缀行走的人群,深入刻画建筑细部,注意整幅画面的整体感。

第三节　计算机水墨画步骤分析

在中国水墨画中,水是彩与墨稀释的媒体,莹润虚渺的境地、淋漓洒脱的笔墨,都离不开水这一特殊的材料,刘海粟先生常说:"用笔难,用墨亦难,用水则更难。"可见水的控制和时间的把握对绘画创作的重要性。用计算机绘画可以不受时间制约,凭借感觉任意发挥,这就是计算机绘画与其他画种的区别。江南水景这幅画,选用水墨画的艺术表现语言,以浓、淡、干、湿点染,黑白处理,突出表现水分,淡雅朦胧,清新怡人,诗情画面。

1. 在不同层面上着色并改变某层的透明度;
2. 在不同层面上切割,留出白色的墙面;
3. 可选择一块色彩,复制到另一个地方,这种选择可凭感觉发挥;
4. 树用铅笔工具画出、复制、变形,放置到画面的不同位置上。

江南水景这幅画,借鉴传统水墨画的特点,去表现水乡宁静、含蓄的意境,并不强调构图和结构的严谨,大部分地方刻画都在似而不似之间,强调一种意境和情趣,注重色彩的对比和画面的流动感。

白墙、灰瓦、小桥、流水、人家,富有诗意的南方水乡小景,仿佛是一首抒情的朦胧诗,让人回味无穷。计算机绘画时借助了中国传统水墨画的技法、色彩的对比、不同的笔触、留白干湿画法的结合等。

江南水景

(1) 第一步，用矩形选框工具，勾画出整个画面的范围，用喷枪喷绘天空，作为画面背景层，用套索工具选取上一层面，用黑色喷绘（注意轻重浓淡的关系）。

(2) 第二步，在墙面上割出白色和水面白墙的倒影，并用涂抹工具柔和边缘。

（3）第三步，另建一层或多层，喷出墙面细部，注意改变图层的透明度。

（4）第四步，用铅笔工具（相当于水彩画中的干画法）勾勒出木架杆、树干和窗的细部。

（5）第五步，随意拉动鼠标，用套索工具绘出水中倒影，用涂抹工具淡化边缘，达到柔美的效果（注意：要在不同层面上进行绘制，不同层面上改变透明度。领悟体会韵味的表现，以形写神）。

第四节　作品欣赏

　　我偏爱对田野、河滩的描绘，朦胧和富有诗意的情调，时间和季节的变化，总能勾想起我儿时生活在汉水河畔的印象。画自己记忆最深的地方，用心体会，并从中得到乐趣。在画中，用轻松随意的笔触，空灵随意的手法去释放压抑已久的梦中情怀，回归自然畅享昔日的童年快乐。

　　计算机绘画在吸收中国传统绘画技法的基础上，极大地拓宽其建筑绘画的表现空间。本图表现一幅江南水乡小景，借助于水彩图的表现技法，表现出一幅酣畅淋漓、轻松朦胧及淡雅柔美的江南美景。

　　色调——统一的绿色气氛；
　　写意——朦胧之中的诗意感；
　　留白——画面具有通透、空灵之美。

草丛的舞姿

江南水乡

TWO

第三章
计算机钢笔绘画——建筑

计算机是一种工具,赋予这种工具以思想、情感,并将其应用到建筑创作中,这是令人幸福的。写生不是一种简单的模仿自然,它包含着艺术创作的成分,必须经过长期积累,有机融会,用自由生动的笔触去积累经验。当然也有必要去用心体察各种绘画风格的特点,启迪思路,得到触类旁通的效果,进而去创造画面的风格与个性。

第三章 计算机钢笔绘画——建筑

第一节 建筑画技法

1. 将钢笔绘画扫描到计算机中，存入 Photoshop 软件的文件夹中，打开扫描的文件，点取选择工具栏，使钢笔线条与画布分离出来，另打开一张新画布，把钢笔线条移至新画布之中，在钢笔线条下面另建一层，就可以作色了。

2. 可以根据画面所反映主题的不同，选择不同的表现方法。技法是为表现主题思想服务的。许多绘画的表现形式都可以借助 Photoshop 软件来完成。水彩、水粉、水墨、马克笔、钢笔、淡彩等等都可以尝试。最终选择一种适合自己的表现形式。

3. 为了增强画面的艺术感和趣味性，可以尝试着用综合练习章节里的特殊技法来增强画面的表现力，也可以借鉴水彩画中的撒盐法、涂蜡法、拓印法、滴水法等使画面更加生动。

4. 计算机绘画最关键的是在不同层上作画上色，所以每一层都应有一个或几个表现主题。一般来说钢笔线条始终在最上一层，这样作色不会使色彩压在钢笔线条上，作画一般层次的建立如以下排列：

钢笔线条→人物树木→建筑→山脉→天空

这样作画时有一种次序感，当然也可以改变层次的前后。再者就是透明度的改变，它是计算机绘画的灵魂，就像水彩画用水一样，就是为了使画面有灵秀、空透、水色淋漓之感。

5. 在全部作品完成后，可以把钢笔线条放入垃圾箱内，经稍加修饰后，形成一幅没有钢笔线条的水彩画。也可以借助图像工具改变画面的明度、饱和度和色相，形成另一种风格的图画。总之，计算机绘画技法、技巧、方法是千变万化的，学习作画，就要在实践中发现更多精彩的做法。

第二节 建筑画作品实例

处处留心皆学问，儿时的我就经常听祖辈们说过这样的一句话。当我漫步在幽静的小巷或是喧嚣的大街时，总会有一些激动人心的场景让我深受感动。所到之处我都会细心地观察。美国街景以它巨大的尺度、合宜的比例、跳动的色彩及光影的变化，为我提供了丰富的绘画素材。我试图用光来塑造街道中的建筑形体，经过对不同建筑进行组合后所产生的效果，产生耐人寻味的效果。

美国街景

灰色调中适当加入一点炫目色彩的微妙变化，使画面有了生机。

云的画法：选用套索工具勾画出云的基本形态，然后选择色彩进行喷绘，白色的部分选用套索后局部减淡，使云有一种透气飘逸感。水面的浮草是复制出来的。

荷兰风车

在绘画语言里色彩是表现情感最有力的工具，它源于一种自然、清新的表现手法。宁静苍茫的大地，被巨幅绿毯所笼罩，恬静而清新的空气里，草的芳香使人感到回归自然洗礼身心的惬意。天空画得非常透明与简洁，朦胧之中拉出几道线条，前面的水草在暗色彩上割出纵向的亮色，反映出水草的存在。地平线上风车的轮廓自然显现在天地之间，仿佛传来风车旋转所带来的风的声音。

奥地利老街

热衷于把自己想表达的内容画得轻松飘逸,抓住最感人的几处色彩,来表现整个的环境气氛。使画面有一种轻松愉悦的效果,疏密有致、张弛结合。

一幅画有时只需要几道大的色块来表现主要的气氛,然后将这些色块复制、切割、变形,运用到画面中的某些部位,这样画面的色调会更加协调统一。

莫扎特公园入口处

　　用计算机绘画无论属于什么风格，对我来说都不需要去评论它，我只需要借助这一便利的工具，去表现内心的情感和想法，所以在画中，什么风格技法都不那么重要，我可以轻松随意不受时间限制地去尽情流露来自于对环境的态度。画面上大面积不同的绿色占据着主要的空间，衬托灯塔的轮廓。地面则通过不同层次的处理，显得非常轻快透明。

绿色的树丛被光面加深，受光面减淡留白，用毛笔增加几笔亮点。地面生动的效果是选择一丛绿树放置在地面上，改变透明度达到的。

德国汉堡街一角

在对一幅画的表述上，我不会把画面设计得非常拘谨和细致。我喜欢用轻松随意的笔触和色块来构建整体韵律，就像做设计一样，追求一种和谐的整体结构关系，一些细节都可以省略，让人品味。

画面下部几块色彩是用套索工具，后喷图并进行切割的，通过叠加改变色块的透明度，随意组合后达到一种流畅的效果。

威尼斯水城

我喜欢有水的场景，喜欢建筑映照在水面上变幻莫测的色彩，喜欢水的轻柔和水波荡漾起的涟漪，所以在画面中，我刻意采用水彩的手法去概括它、赞美它。

在天空层的基础下复制在水面上的色块作为基调，把建筑倒置后翻转，成为水面的倒影。利用套索工具在水面上勾勒出几道波纹，再利用减淡工具调整局部色彩，一幅生动的画面就出来了。

圣彼得堡

有人称圣彼得堡像一个没落的贵族,带着他一身的傲气,随着时光的隧道慢慢走去,留下的是回忆。

用非常写意的手法,轻淡的色彩,表现建筑、车辆、绿化的特点。画法是在类似色的基础上来处理明暗光影的变化,色彩统一富于变化。

威尼斯水道、小桥、建筑

　　水道、小桥、建筑，静静的水流冲刷出岁月的痕迹，沉淀水城古老的故事。从流水的方向放眼望去，小桥、建筑在阳光的照射下，墙角投出动人的阴影。暖暖的色调带有几分温馨，悠悠情思令人遐想。错落有致的建筑夹着水道的流水，由近向远延伸，消失在远方。

墙面的阴影和光线度构画使建筑有了精神，注意右侧的屋面色彩，融入了天空的蓝色，增强了画面的统一感和趣味性，水面上点缀几笔线，水面的动态就出来了。

西欧某城印象

在西欧有许多这样的场景,高耸的尖塔、精致的建筑、由近而远的连廊,将你的目光牵引到最精彩的片断上。广场所有的建筑景物都笼罩在一层灰绿色色调中。在天光的映衬下,白色的墙角、细部的构件以及窗格的某构件依稀可见。几处鲜明色彩的点缀与画面的灰色调形成了鲜明的对比,为沉寂的环境增添了一些活跃的因素。

鲜明的人物是用铅笔工具选择不同色彩画出来的,倒影则是复制后变型投入到地面上的。

比萨小巷

　　纵向的构图和富有动感的天空和地面,让人的视觉随着光的投射落入深深的小巷之中,使古老的小巷顿时有了生机和活力。跳动的色彩和细部刻画,明暗的交替,墙面肌理的表现,恰到好处地表现了小巷的历史。

天空的光线自上而下,占大半块画面,色彩逐步变化,与建筑的屋檐形成明显的交界线,下部的建筑色彩浓而厚重,形成鲜明的对比。

马里兰州私人住宅

　　马里兰州私人住宅。西萨·佩里的作品体现出了他的理想和追求，表现了地方的差异性和文化特性及高超的技术与精湛的创意。使他的作品得到了永恒的回应,是对自然回应的一曲颂歌。西萨·佩里的作品融于翠艳欲滴的春色绿丛之中，白色的墙面，浮动着婆娑的树影，玻璃窗透过阳光反射着枝干绿叶的斑斓，阳光投照在木窗格上，格外耀眼。建筑的生命就孕育在春意盎然的生命之中。这幅画在建筑的轮廓和细部刻画上坚实有力，肯定明确，背景的树木用水彩技法使之轻松洒脱，画面收放有致，浓烈与清新交融。

注意树木的变化和构图关系。为了节省时间，许多树木都是复制出来的，只需改变树的大小、形态和颜色，安排到不同部位就行了。

阿姆斯特丹的小桥

在阿姆斯特丹这座由水道和小桥构筑的城市里,心中总有一种莫名的感动。斑驳的砖墙、石砾中透出种种的沧桑和人生的感悟。我能寻找回梦中的那个有水、有桥、有残墙断岩又祥和安宁的小城吗?

没有规整边框的画面看起来非常生动,给人一种空间的延伸感。

威尼斯小景

选取一处自己感兴趣的小景来深入刻画、表现明暗关系和节奏感。在精神饱满的状态下作画,使画面的深入有了一种可能性。小景用轻松的笔触,大胆深入的刻画,表现了水城小景在阳光爱抚下的建筑细部景致。

水面的技法表现:一是阳光的感觉;二是水的流动感;三是环境色彩在水中的折射。

阿姆斯特丹

或许是因为我很留恋在汉江河畔度过的童年生活的缘故吧，画中常表现一种恬静悠闲的城市生活，希望用我内心的感受，通过画面唤起人们对昔日的回忆和对宁静生活的向往。在画中，建筑、水面、小桥是构图的中心，小桥用写意的手法施以重墨，衬托出富有变化的建筑。上部色彩较为凝重，接近桥面色彩渐淡，光影的变化和斑驳的墙面增加了建筑的趣味，水面的色彩在阳光的照射下显得生动有味。

色彩微妙的变化和留白的光影、流动的水面及建筑倒影，反映出水城的特点，整个画面具有装饰画的味道。

威尼斯城远眺

"仿佛舟从天上来，依稀人在镜中行。"这两句诗是儿时常听老人讲述的对汉水的赞美诗，至今记忆犹新。当我伫立在威尼斯水城之畔望着水天一色、漂浮在水中城市壮美的轮廓时，儿时的感觉就会从心中迸发出来，急于描绘出一种撼动心灵的壮美，记录下我的感动。钢笔水彩，是水彩画的一种表现形式，要用计算机画出钢笔水彩，第一步就必须在线条变化上下功夫，初步完成画面上的造型结构后，在计算机上通过 Photoshop 软件来完成色调的变化和建筑形体的塑造。

这幅画一眼看去，可以看到整个景色，是以蓝色调子衬托墙暖色调的建筑，建筑色彩的变化很微妙，许多地方留出白色，建筑在变化之中，有了灵透感。这幅画水中的倒影没有用复制、翻转的手法来画，而是用铅笔工具凭感觉轻轻勾画几笔，增强了画面的魅力。

吉隆坡教堂

　　这是一幅很有水彩味的建筑画，它充分发挥计算机的优势和 Photoshop 软件的功效。随心所欲、悠然自得的配景和人群，点点数笔之间，向人们展示着节奏、韵律和跳动的色彩，表现了一种古朴神秘的美。

首先，在建筑上绘出大面积色彩，用稍深的色彩勾出建筑的暗面，用切割的方法留出建筑的受光面和光影效果，作为画面背景的天空选用铅笔工具，拖上一道线条，复制后并改变其中一层的透明度，天空即有了层次。

美国梅尔格斯社区服务中心

冬日里,温暖的阳光把梅尔格斯的景色铺上一层光晕的视觉效果,一切都沐浴在金色的光芒之中。为了完美地表达出这种迷人的色彩,画面中把所有的建筑都用一种暖色调画出来,并把局部补上一些紫色,阳光散在雪地上,光的延伸、雪地的冷色调也由近慢慢变暖,树枝在阳光的爱抚下呈现出黄色,给人一种祥和温馨之感。

玻璃折射树的影像是经过树复制到玻璃上后经减淡工具改变其清晰度来完成的,雪地的投影和肌理同上述方法一样。

德国某教堂

计算机绘画极易出现肤浅、呆板的弊病，所以在这幅画中有意将思想放开，随意着色，尽量表现得活泼轻松，抓住建筑的主要特征及光影变化和明暗层次，烘托环境的整体气氛，使画面具有灵动效果。

用走动的人群、地面的倒影、远处模糊的建筑轮廓来表现雨后的气氛。注意用笔触表现墙面和地面的色块。

乌镇老街

狭小亲切的空间使乌镇老街上的民居建筑呈现出诸多变化，过街楼、山墙、门窗及招牌反映出乌镇的历史和丰富的形态。画旧建筑重要的是处理好上部的檐口和木窗丰富的色彩。画面上前部的马头山墙用灰色虚化掉，集中设色在门、窗、檐口等地方，使画面在结构上有所变化。

新处女修道院

　　新处女修道院的历史是一部令人惊叹的编年史。其中留下了许多勇气和大义、血腥和泪水。当历史的故事一幕幕展现在你眼前,心里的沉重,也就随之跳动在你的鼠标之间。凝固的砖石古堡,用厚重的灰色渲染远处的墙体,蓝灰色渲染出一种神秘和冷艳。地面雪景则用朦胧的蓝绿色勾画出整体环境的苍凉和悲壮,被雪覆盖的草丛,使地面产生微妙的变化,枯树是用类似中国画的枯笔法完成的。

雪地里的草丛依稀可见,先画出一簇草丛,经多次复制变型改变透明度,使草丛形成叠加,这样生动有趣的局部就从画面上映入眼帘。

罗马的辉煌

站在罗马城无论您置身何处都会被它的壮美辉煌所震撼。心里不得不为创造者非凡的能力而赞叹。这幅画暖黄色色调，精练概括的笔触，用光的走势加强了整体气韵。

罗马建筑

如果说水彩画的诞生是以写生为契机同时又以写生为核心，施以相应的手段来进行创作的。那么，建筑设计作品不朽之作的诞生则需要更好地观察生活、学习前人的经验。从伟大的作品里去发现真谛，来捕捉自己的创作灵感。因此，写生找感觉，更多地积累经验，扩展对环境的观察理解是尤为重要的。

这幅画的精彩之处就在于视觉的中心点上蓝色屋顶上下部割出的一道白色，整幅画作色彩统一，但富有变化。

威尼斯

如果说圣马可广场是威尼斯最美丽的城市广场，那么，沿海岸的建筑就是飘渺仙境中的海市蜃楼。整个城市、大海、河流汇集在一起，经设计师组合，就像无数的音符联成了一曲动人的交响乐。你会被它无数的音符所震撼。抑扬顿挫，跌宕起伏。我用线条色彩记录下我最初的感受：天空、海面和浮在海面的建筑。

水面生动倒影的形成，是将建筑复制、反转后，放置在水面的下一层面上，达到生动有趣的效果。直线工具拖动鼠标画出水面波纹。

阿姆斯特丹

水面上建筑的倒影可用几块笔触简练抽画出来。

荷兰小巷

　　不同的环境能带给我们不同的感受，充分展示富有地域特色的场景是我们作画的基础，用计算机这种特殊的工具来展示出绘画的语言，诠释我们内心的感受。通过鼠标的摆动，在不同层面上设色、加深、减淡、复合、切割，使画面呈现出水彩画的水色交融灵动的效果。

THREE

利用滤镜处理后的效果，使画面更加湿润了。

这幅画作很接近水彩的画法。湿润交融的笔触，使画面统一在整体的气氛之中。

我的老家在鄂西北的汉水之滨老河口，20世纪30～40年代素有小汉口之称，是鄂豫川陕物质集散地之一。有七十二条街，四十八条巷，商贾云集，热闹非凡。两侧的建筑都是砖木结构，建筑层数大多在一二层，马头山墙，黑色的木板墙上随墙而开的小窗，青石板小路延伸到另一条小巷，亲切的尺度让我至今难以忘怀。到了荷兰，当我看到这里的小巷仿似儿时生活的地方，坡屋顶、防火墙、石板路都被一种儿时的氛围所包围，找到了儿时的感觉和作画的冲动。用鼠标在已勾勒的钢笔线条上随意勾画出所要上色的部位，用喷枪喷绘，并分层绘制，远处的建筑轮廓被虚化，画面上许多地方留出空白，点缀一组人物使画面有了生气。其实，计算机绘画是通过心灵的感受释放所流露的，通过画纸（显示屏）显现出来，经画笔（鼠标）的操作，形成心、眼、手三者合一，才能构成对心灵感悟的再现。

一幅画并不需要面面俱到。抓住所要表现的主题和建筑的主要特征，其他的可全部虚化掉。右侧建筑用几笔勾画出前景轮廓，后面建筑作为主要表现对象进行深入刻画，地面用大块色彩铺垫，并留出白色，使画面有了动态。

塞纳河畔的建筑

塞纳河上最让人心旷神怡的是，一组组建筑与环境构成的统一和谐的整体美。绘画过程中，把造型繁杂的建筑细部做了些处理，采用概括的线条、统一的灰色调进行勾画，表现出了历史遗留下来让人们为之惊叹的环境艺术整体效果。让人们去感知、领会、体验空间环境带来的无限快意。

注意天空光影线用笔的关系，靠鼠标进行选取，勾勒出天空的轮廓，利用减淡工具完成天空水面和建筑的光影。用笔可灵活多变在各层面之间进行相互协调。

罗马斗兽场

罗马斗兽场，我们在许多书中都读过它，它是何等的壮美，给人以震撼。一座残破雄伟的椭圆形建筑近 50 米高的外围墙用砖石砌筑成三层石柱拱廊。作画时以不同的角度去观察、去构图，尽量表现这种残缺的景象。

同一色调下增加光影的变化，画面上点缀一些高明度色彩的人物，使画面有了动感。

圣彼得堡的灯塔

在圣彼得堡涅瓦河畔,高高耸立着一座灯塔,孤傲地守护在河边,与蓝天绿水浑然一体,显现出它的朴实与壮美。凝重的大理石基座,经岁月冲刷浸蚀的红色柱体,船形的雕塑,穿插在主体之中,凝视着涅瓦河。我把视点选择在路边,压低视线,着重勾画灯塔的形态和色调,来衬托灯塔的环境效果主题。

用非常写意的手法,再现灯塔、地面、堤岸。画法是在类似色基础上来处理明暗光影的变化,色彩统一富于变化。

荷兰海滨浴场入口标志

大海,宁静而清澈,如蓝色的绸缎,随风而逝,缓缓地流向天际。当我伫立在异国他乡的大海浴场之中,除去感受大海给我带来的欢愉外,更想表述在画面上的还是海面上的浴场标志,一条架起的小船,使画面十分均衡,省略了许多小细节,去营造一种整体气氛。

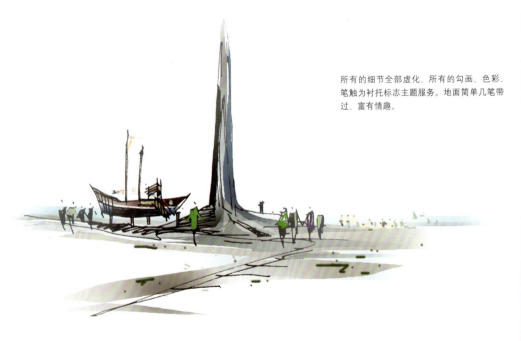

所有的细节全部虚化,所有的勾画、色彩、笔触为衬托标志主题服务。地面简单几笔带过,富有情趣。

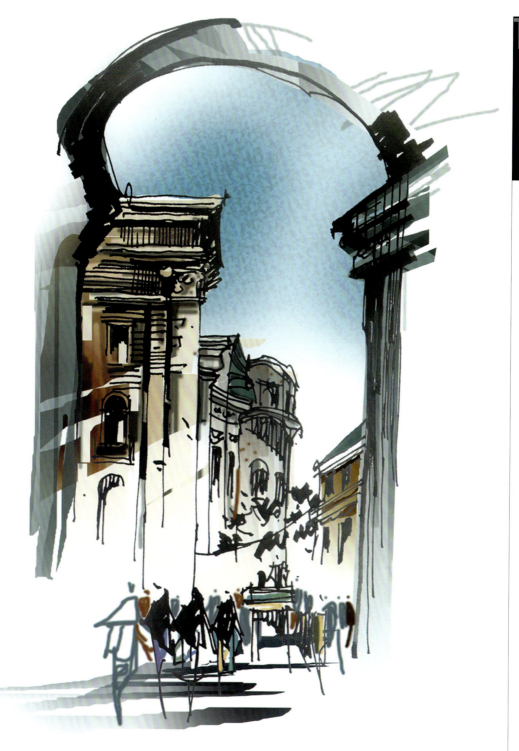

梵蒂冈

　　外出参观考察，关注最多的是建筑及孕育建筑外部形态环境和历史的支撑点，画面上，前部巨大的拱门，用轻轻的几笔把它虚化，通过景框视线直接落入后部建筑上，建筑上部用色厚重，下部色彩基本上被虚化，主要是通过光线和色彩来营造环境的氛围。

德国莱茵河

雷雨过后,空气显得格外的清新,河畔的两侧又呈现出清秀俊美的景色。借助于计算机,在同一幅画中表现不同的自然环境气氛来抒发心灵的感受。计算机是一种工具,可以通过人的主观感悟、理性的思维来表现人的精神情感及本质。通过画面来引发人们的共鸣,同时形成了计算机绘画独特的艺术语言。

改变天空的透明度使天空明朗起来,画面的气氛也随之改变。

德国汉堡,莱茵河畔

莱茵河畔的雷雨快来了,乌云由远而近压过来了,霎时把天幕压得很低,使七月原本燥热的天气变得格外沉闷。从云缝中透出的光线,给建筑镀上了一层银光,一闪即逝,两岸建筑笼罩在一种飘忽不定的光影之中,仿佛是倾听、欣赏大幕拉开的前奏,宛如一首对大自然的赞美诗。我有一种受大自然的力量驱使的感觉,通过心灵感应,使画面中天空和水面用冷色调画得非常厚实,密不透风,以此来衬托建筑的轮廓。

天空画得非常厚重,主要衬托建筑。绿色的树木,勾出大体轮廓后,进行喷色,边缘地方稍淡,暗部用毛笔工具根据树的明暗关系,画上几笔树的形态就出来了。

前后的草地是在一束草丛的基础上复制出来的,经过变化后放置在适宜的位置。

罗马废墟

罗马是一座宏伟的城市,在历史的长河之中如今已化为梦境。残存的断垣残壁撞进了人们的心灵,倒下的已不见踪迹,屹立的虽经千年风雨仍显当年俊秀。三根科林斯式的柱子,顶部还有片石相连,在废墟中更显秀气挺拔。作画时重点刻画挺拔的柱子,其他配景处理的较虚,去表现它的畅快、雅致、风姿绰约的视觉特征,使人感悟到那种幽远的壮美。

德国汉堡街景

我经常被一个小区,一组建筑及建筑所围合的空间所感动,情不自禁地在这种和谐的空间里漫步,感受这种平和、安逸的环境。为了表达这种诗样的氛围,视点选择在广场中部,表现几组建筑围合所形成的温馨空间,把建筑概括简化。色彩尽可能明快一些,表现光与影所形成的美妙空间。

这是一幅以蓝色调为主的画面。根据空间的顺序,用冷暖、明暗变化依次推移到后面的建筑,构成空间上的递进,右侧建筑略加细部描写,与暖色调建筑形成呼应关系。

为了表现阳光明媚的罗马古城。古迹遗址适当采用暖色调完成。地面由远处的暖色渐渐过渡到近处的冷色调。整个画面流淌着空气感。

古罗马城一角

在罗马,最吸引人的地方,不是喧闹繁华的商业街区和华丽的殿堂,而是它的墟垣,千古绝唱,使之成为不朽的辉煌。当你漫步徜徉其中,细细品味每一处残垣断壁,不禁暗暗地为这座辉煌的建筑废墟历经漫长的风雨而得以保存至今而庆幸。它是一部用石头记载的史书,用智慧和血腥凝结的辉煌,一种古旧残缺的美,因此闪耀着永恒的巨大魅力。

罗马城街景一角

沿着古朴亲切的干道漫步,去感受生活,体验空间,领略环境给人带来的乐趣,从而引发自己的创作热情。在这幅画面上,表达一种随意的轻松和愉悦,和谐宜人的干道尺度及亲切的生活气氛。沿街的酒吧、咖啡店、围栏和白色阳伞售货小亭,勾画出一幅生动宜人、祥和的市井风情。

描绘天空的云彩——选择一张图片,用选择工具施以图片不同的色彩,在不同层面喷绘天空,注意适当调整不同层面的透明度。

巴黎圣母院

一轮落日，将要隐入苍茫的天际，天地之间顿然由寥廓澄明演变为静穆和庄严。在落日的阳光下，巴黎圣母院高耸的尖塔沐浴在金色的气氛中，背着光线的建筑轮廓显得更加肃穆。在构图上，巴黎圣母院放置在画面的中部偏左侧，前景留出水面和斑驳的堤岸，建筑轮廓中许多细节都被省略，色彩以冷灰色调为主，用控制整体环境气氛来表现建筑的历史和建筑内所发生的悲壮故事。

水面和天空的色彩喷绘是在不同层面上进行的，然后用切割手法删去其中的一层，形成光影效果。

古罗马废墟广场

在罗马广场的废墟中漫步，若不是亲眼目睹，切身体验，就感受不到它的壮美辉煌。每一个国家和民族都拥有自己的历史和文化，就像记录着人类文明创造过程中的一曲曲悲壮与欢乐交织的歌。古罗马斗兽场的墟垣呈椭圆形，近五十米高的外围墙用巨大的沙岩石砌成三层石柱拱廊，里面阶梯式的座位能同时容纳五万多名观众，从斗兽场建成之日起，这里就浸满了野蛮与血腥，凝视这座建筑，给人以深思、给人以力量、给人以启迪，这就是我要去表现它的初衷。写生要去感觉它的气氛，寻找一种振奋心动的兴趣点。

天空的用笔方向与左侧立柱形成斜交，使画面有了均衡之感。残缺的建筑和砂岩是用大面积赭色完成的。刻画出暗部并割出受光面。局部地方留白，使画面产生一种张力。前部的立柱完全留白，局部用铅笔工具画出暗部。

注意墙面光影的变化和透过建筑间隔的阳光。画中一束光线照射在后部建筑的景象是利用橡皮刷工具完成的。

美国小巷

建筑绘画创作表现不单是现实的重复与再现，而是运用新的表现手法去探求新的绘画语言。我对建筑绘画艺术风格的理解，以形写神、形神兼备。通过不懈写生，收集大量的原始信息，拓宽对环境构成规律的认识。建筑绘画有两种形式，一种是建筑效果图，准确、严谨的反映建造后的真实景象。另一种则是建筑师所必须具备的基本技能——建筑写生、速写，体现不同艺术风格的建筑绘画。一种独特的艺术风格，必须创意新颖，气韵生动，形神兼备，才是上乘之作。我非常喜欢章又新老师的一句话："建筑的表达形式，只要能臻于完美无缺的境地，可以不择手段，采用多种技法。"计算机建筑水彩画可以说是不择手段了，运用计算机技术，融各种风格的画种之长，采众家之长为我所用，水彩画的灵动、通透、优雅、清新，中国画的意境、神形、惜墨如金、虚实相生。把自己的思想、情感、渴望、追求通过计算机来表达，这就是计算机建筑绘画。只有读懂了环境背景，读懂了建筑要素，读懂了生活在空间里的人，建筑才能生辉，建筑画才能创新，建筑师才能有所作为。

罗马那沃纳广场

这幅画从中部教堂的构图中心，通过画面的色彩对比、人流的涌动、地面的倒影，来烘托街道雨过天晴的景象。

THREE

人物及人物的倒影使画面有了活力，这幅画是在随意的状态下任情感宣泄表现出来的。计算机水彩画之巧就在于不受时间和工具的限制，随心所到，反映心境。

比萨街景

最使我感到欣慰的是计算机为我打开了一扇可以自由抒情达意的窗口，就像画家手中的笔一样，通过每一幅画的表现，都能使我积累一些经验，体味一种感受，表达一种情怀。这幅画色彩基本上采用绿灰色色调，通过斜向屋檐，把视线焦点集中在远处的建筑立面上。阳光使建筑产生动人的阴影，整个画面中冷暖对比，虚实连接与变化，艳丽色彩点缀的行人，轻松悠然的运笔，都给画面增添了形象生动的气氛。

这幅画的主要特点在墙面的光影色彩细微的变化及肌理的变化处理上。
1. 在不同层面上喷色。
2. 选择其中一个层面画出砖的感觉。
3. 套索工具选择所要表现的光影，利用加深和减淡工具来调整光线的强弱。

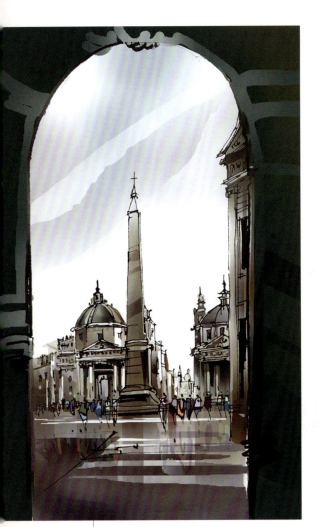

波波洛广场的方尖碑

　　波波洛广场是一个枢纽，伸向罗马城的三条道路在这里汇聚。从古城门向城内望去，方尖碑作为构图中心，高傲地展现在眼前。画面上色彩的深浅、明暗的对比、风格统一协调，表现了意大利城古老的文化、厚重的历史和神秘的色彩。

水巷建筑之间投下的阳光，折射在水面上使画面上下构图、色彩得到呼应。建筑上部色彩浓重，下部逐步变亮，增强了构图的动态，水面在光线的折射下，吸纳了两侧建筑的色彩使画面生动起来。手法上选取喷绘、切割、改变透明度等达到不同层面的变化。

威尼斯水城

　　威尼斯有上百条这样的水中小巷，宽度约在 2～3 米间，两侧的建筑窗台、檐口、临水平台，增加了水巷感人的轮廓细节，透过小桥的一缕光线，洒向水面，使小巷建筑映出迷人的色彩，由于视角的限定，构图由竖向展开。画建筑主要应控制好透视关系，抓住主要的结构特征，突出环境的整体气氛。光影投射在墙面上，产生了斑驳的效果。

巴黎蓬皮杜文化中心 -1

当我站立在蓬皮杜中心的广场之中,被一股强烈的视觉冲击所震撼,电梯、自动扶梯、水管、栏杆、钢缆、扣件组成的结构构造等体系,共同体现中心的外部形态。我叹服巴黎人的思维与浪漫,对先进文化的吸纳和宽容的胸怀。同时我也在思索,这个在历史环境地段上建造这样奇异建筑时建筑师的初衷。

装饰构成的手法,使画面具有现代装饰感。注意透气筒和背景的冷暖色彩变化。用直线工具勾出结构栏杆,并留出白面,立面用分层喷绘方法,透光面割出光影感。

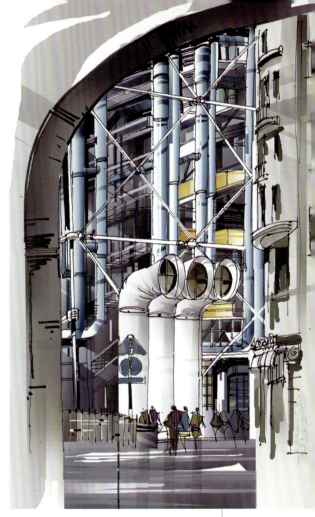

巴黎蓬皮杜文化中心 -2

视点选择在古建筑的拱廊下面,通过拱廊来捕捉建筑强烈的色彩感觉和对比效果,富有流畅的线条和艺术感召力的建筑局部,将它的比例、结构、形态、色彩融入一种理性的冲动之中。两幅作品:上一种用钢笔表现,下一种擦去钢笔线条,利用大块的冷暖色彩对比,高度概括、把握整体气氛。作为建筑师对一个建筑及场景的绘画,需要思索和寻找它的思路和设计轨迹,找到最感人的切入点,通过眼、手、心灵的共鸣,显示于屏上。

第四章
钢笔速写方法

　　计算机像一架乐器,在人的操纵下,随着鼠标的移动,键盘的敲击,时而悠扬宛转,时而激昂亢奋。悦耳动听的音乐会随心灵的火花释放出来。我所追求的是让一台计算机焕发出新的生命。让生命延续的最好的方法是,给人们送去阳光和美,并让这种美去震撼人们的心灵。

第四章　钢笔速写方法

第一节　钢笔速写方法

　　钢笔绘画在许多书中都有详细的介绍，这里就不再一一介绍。本章主要就钢笔绘画如何结合计算机应用谈一点体会。

　　钢笔绘画和速写是一种锻炼基本功和积累经验的最有效的手段，它通过形象思维，使手、眼、心更加协调统一。人们认为在信息时代借助于计算机的应用就可以画出较好的建筑画来，所以许多人撂下了画笔，把大部分精力放在了计算机上。人们创作的欲望和激情被泯灭了。钢笔绘画是培养一个人在绘画过程中积累经验和智慧的一种良好方法，更是组织建筑景象构图能力和艺术修养最好的方式。

　　计算机绘画是结合钢笔绘画形成具有较强表现力的一种新的绘画方法和技艺。具有方便快捷、艺术感染力强的特色。因此，一幅好的钢笔绘画，它的构图、线条、明暗、节奏对计算机着色具有直接的影响。一幅好的钢笔绘画扫描到计算机之中，着色后会有更强的表现力。

　　计算机绘画着色：绘画线条组织表现应反映建筑物主要的特征、大的轮廓和转折关系，以便为着色打下基础。许多细节可以用色块的明暗来完成。如只表现一幅钢笔绘画作品，可以用美工钢笔来完成一些细节和体积关系。也可以将墨水加以稀释，画出的作品则更加有表现力。

　　速写是观察自然、认识自然的一种有效途径。线条则是钢笔绘画中最基本的表现语言。不同形式的线条组合，表现出的对象也是不同的。线条应具有长短、曲直、轻重、宽窄、起伏、刚柔、强弱等多种变化和对比。

　　一幅优秀的钢笔建筑绘画，往往由准确的透视、严谨的结构、和谐的比例和尺度、奔放的笔法构成。根据表现对象的特征，采用不同形式的组合，如：叠加组合、线条贯穿组合、疏密组合、明暗组合等，使建筑具有主体感和节奏感。

点、线、面的作用

　　点、线、面是钢笔绘画最基本的技法，它们之间巧妙的组合能表现出绘画对象的边界、体态、明暗、纹理。

　　点、线、面相互配合，比例合适能使画面充满节奏、韵律和气势。

　　如点的活跃、线的精美、动感、节奏、面的气氛会产生一种整体气势。

艺术处理

　　一切技术都为强调和突出中心服务，一旦对象确定，就围绕这个中心处理画面的各种因素，把握主题，去掉不必要表现的，使画面统一到表达主题的范围上来，滤掉一些不必要的细节，使表现的主题更加突出。以形写神，形神兼备，整体把握，协调统一。

第二节　钢笔画作品实例

奥斯陆体育馆

　　装饰性的构图，轻松表现出体育建筑的体块和特征。

丹麦——哥本哈根酒吧街

　　丰富的用笔、多种笔法的结合、建筑阴影的描绘、路上行人的点缀，使画面富有生机和活力。这幅画用非常细致的线条刻画出墙面、屋顶、窗洞在阳光照射下动人的景色。用对比强烈的色块表现酒吧街丰富变化的街景。注意不同的物体，用笔的不同。地面与建筑的关系通过倒影使画面更加生动。

瓦萨船舶博物场馆

白与黑、浓与淡、虚与实、用笔的快与慢，使得瓦萨船舶博物馆与雪天的景色形成强烈的反差。

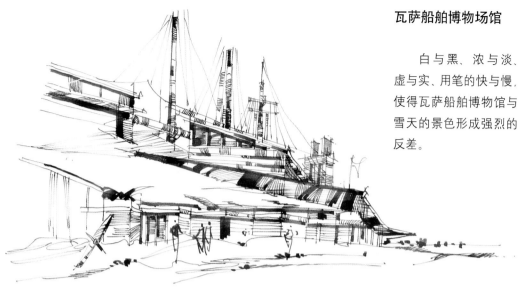

斯德哥尔摩街景一角

中部造型优美的建筑被刻意地从画面里跃出来，用粗细不同的线条来表现砖、石的特点。描绘受光下平整的淡色墙面，有时只需表现背光面以及阴影即会取得好的整体效果。

挪威——奥斯陆高台跳雪场

　　相互交错的结构及构件，是此幅画刻画的重点部位。视点压得很低，地面与建筑的交接处用粗线刻画，使交接线更为分明。

看台

　　粗线与细线的交错排列，使看台的特点跳入画面上，有了动态和韵律。

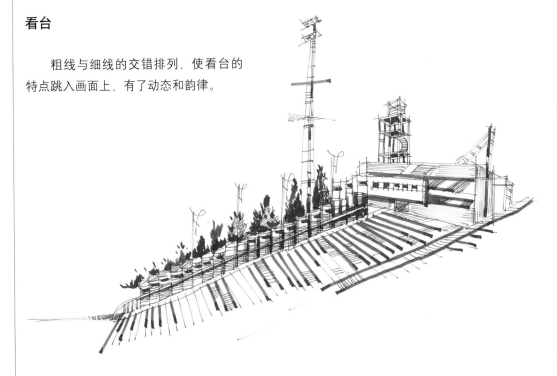

马尔默欧洲住宅博览会

　　住宅入口之处,高高的门厅,简洁利落的线条,构成现代主义建筑风格的特征。入口两侧,几簇树枝及投射在墙面上枝干的阴影和斑驳的灰色墙面,衬托出入口的特色。

瑞士．苏黎世装修中的建筑

　　这幅画的动人之处在于竖立在建筑边的架杆及投射在白色墙面的阴影。为了突出地表现这一景色，建筑内许多细部和轮廓都被大胆地虚化了。取而代之的是有力变换的笔触，表现架杆的特质。

斯德哥尔摩街景

　　用单一的线条去表现一组现代建筑，用笔和建筑风格巧妙的结合使整幅画显得干净、简洁。

伯尔尼的建筑

速写主要是用快速的方法记录下一个主题和景物的外部特征，它不受框框与格局的限制，这就迫使你把题材组织在一个画面上，这幅画的魅力就在于笔触的运用上。

因特拉肯小住宅

丹麦．哥本哈根港湾的吊船

这是哥本哈根新港酒吧街停靠在河湾的吊船，许多船只不再出海，已经改装成了酒吧餐馆或供游人观赏。这幅绘画小景在动笔之前首先确定对象的特征、构图及细部的描绘。注重桅杆和绳索细部的重点刻画，笔触、线条运笔的方向、线条的疏与密都很适当地表现出吊船的动人之处。

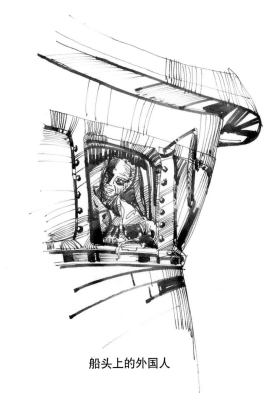

船头上的外国人

哥本哈根公园一角

哥本哈根动物园入口

单线的速写本身能构成一幅生动的画面，行笔的节奏快慢、顿挫会使画面生动起来，适当增加点明暗效果会更好一点。

哥本哈根酒吧街

对于钢笔绘画而言，酒吧街两侧的建筑构成的美景是不可多得的题材。它的构成格局、明暗关系十分完整地展现了建筑物的整体特色。交错的山墙、屋顶及白墙与斜屋面之间的分割与对比使画面产生了空间感。连接在两侧建筑之间的拱门构成了画面的中心。

挪威体育中心

用最精练的线条勾画出高耸的电梯塔壮美的景色。

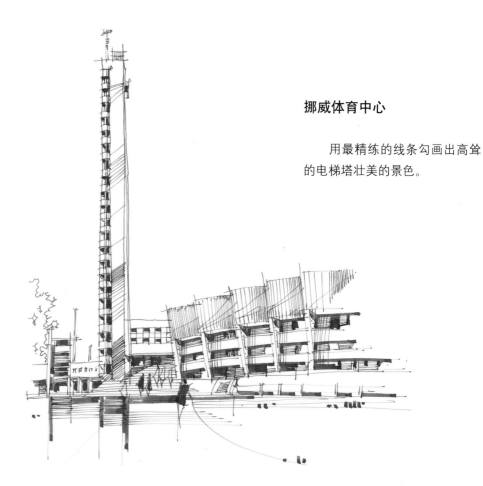

穿越跳台的道路

挪威滑雪中心

    挪威滑雪中心小商店广告形象地反映了滑雪的场景特点。有力、生动、飞跃的人物广告成为此场景的中心，用有力简洁流畅的笔触，抓住表现对象的精神特质，一切细部刻画都配合上部人物动态自然地显现出来。

瑞士．洛桑水闸

无论表现什么样的物体，都要对其所表现的对象进行细致的观察、研究，了解其特质及相对应的空间关系。此画表现的是耸立在洛桑河边早已废弃的水闸。竖向的构图中，上部构件逐步淡化，下部的水泵、齿轮及垫轨进行了较细致的刻画，同时注意光影和质感的表现。

伯尔尼建筑

通过对百叶窗细致的刻画，使视线焦点集中在带有半圆窗的墙面上。点、线、面笔法的应用，较好地反映出建筑古朴自然的感觉。

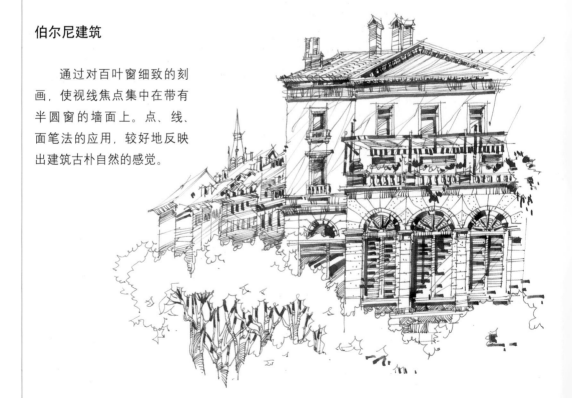

芬兰街景

用白描的手法画出建筑的外轮廓,一切细节都不必画出来,只需快速地表达心中的感觉。画面前部的广告牌稍加细部处理。

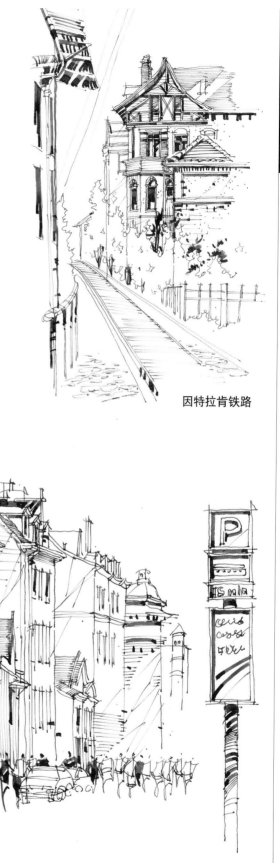

因特拉肯铁路

芬兰街景

瓦萨的冬天

　　瓦萨船舶博物馆建筑的外部特征深深地打动了我。屋顶、桅杆、绳索在白雪之中显得清晰动人,鲜明的对比使得建筑个性更加突出。整幅画一气呵成,流畅的线条、黑与白的强烈对比使得建筑与环境气氛的完整性更加鲜明。

FOUR

苏黎世沿河建筑

高度概括的手法画出建筑的外部轮廓，重点放在建筑的底部和临水平台上。

瑞士金融街

瑞士的金融街到处都充满了一种富有、华丽、晶莹剔透的现代特征，这是一处带有柱廊和橱窗的建筑底层，为了表现大厅的进深感，加重了后部大厅的用笔。橱窗的玻璃用粗线描出几道光影。花岗石的柱子用细线画出分割线，用不规则的线条画出花岗石的效果。广告牌和人物的点缀增加了商业氛围。

瑞士洛桑

一幅画的个性和特点是通过创作过程中体验不同笔触在画面的感觉而形成的。想像力和表达的意图使笔触变化多了起来，画面也变得生动活跃起来。这幅画是用多种笔触完成的，变化而不凌乱，较好地表现出不同建筑外墙质感的特征。

伯尔尼商业街

　　太阳照在建筑物上留下和谐的调子,此时无需刻意去安排阴影的造型,将兴趣中心放在建筑下部的门廊上,加以强调,利用轻松的笔触刻画砖石和古朴斑驳的墙面。

伯尔尼古建筑维修

  这是一幅表现手法比较特别的写生作品，主要是在构图和形体结构上的深入刻画。前部吊车只表现形体的结构关系，后部建筑利用排线、深色的粗线强调结构的转折及墙面的光影。注意墙面不同材质的表现。画面洋溢着轻松的气氛。

伯尔尼街景

作画有时是一种激情和情绪的宣泄，当你被建筑感动时一种激情油然而生，用笔可随心所欲一气呵成，多了几分轻松和随意，所有的细节被整体化了，所蕴含的气质特点会从外在形体之中流淌出来。

伯尔尼老城

洛桑老人中心

高耸的塔楼成为画面的趣味中心。为了使画面取得均衡感,作画时加重了对右侧枯树的刻画。

阿尔卑斯山小屋

简洁利落的用笔,勾画出小屋的特质。

瑞士街景

洛桑街景

画是靠心灵去体会的，抓住主要建筑的外部形态，通过默写是收集素材的好方法。

瑞士伯尔尼

FOUR

瑞士．洛桑小镇

在瑞士．洛桑小镇这种坡屋顶的建筑触目皆是。造型不同的塔尖,穿伸在坡顶之中,尤为动人。屋顶的结构转折主要是通过排条的密集松弛和运笔的方向来确定的,并用几笔轻松的斜线表现出光影的感觉。

洛桑小桥

  横卧在洛桑河的小木桥作为此画的焦点被施以重色,详尽深入的刻画是为了表现阳光下木桥的质感。用细钢笔线画出木纹,在阴影部分施以重色,古朴生动的小桥从画面中跳动出来。水岸轻轻几笔带过,后面的建筑则留出大面积的白色。

瑞士街景

　　这是一幅带有局部细节的画。建筑上部的窗和屋顶，真实地表现了建筑的特点。过街天桥下部用大块的黑色，将其与建筑的距离拉开，使二者产生了空间感。注意窗口阴影的表现只需将弯头笔压低，画出粗线，生动的效果立刻显现出来。

洛桑小镇

　　遥望洛桑河对岸连绵排列的建筑,给人最强烈的印象是造型优雅的屋顶和木结构的墙面。利用细线画出建筑的轮廓,在背阴的地方用粗线画出墙面的阴影,以突出丰富的结构关系。

瑞士小镇

　　在五六分钟的时间内,抓住建筑的主要特征,是训练眼力、记忆力最好的方式之一。它鲜明地记录了您对建筑最初的感觉。

FOUR

伯尔尼街景

  我喜欢用弯头钢笔来处理不同的材料构成的建筑组群。粗糙的花岗石、光洁的玻璃、朴实的木结构所带来的丰富变化。

丹麦——哥本哈根

　　不同的地域传统、不同的建筑物体、不同的场景环境采用不同的用笔方式，区别对待。右侧的建筑主要刻画出门窗洞口，其他一带而过，轻松、随意、流畅。后面的建筑则较为严谨，在屋顶上反映出建筑的特征及坡顶结构的转折关系。街道上插入一些行走的人群，点缀着画面，多了几分生活的气息。

瑞士街景一角

　　烟囱、屋顶、建筑底层的拱门,是此图刻画的重点部位。视点压得很低,马路与建筑的交接处用粗线刻画,使交接线更为分明。

瑞典——渔人码头

　　现代建筑与古老的建筑形成"对比"是画面表现的重点，画法采用直线与曲线、白与黑的对比变化，使画面丰富起来。现代建筑用直线鲜明地勾画了建筑的外部特征。右侧古建筑则注重刻画细部，如屋顶、檐口、洞口、门窗的特征及材料不同所形成的千变万化的建筑外部特点。

奥斯陆街景一角

把精力倾注于整个街景的环境气氛表现上，很多细节被淡化了，画是以线条为主。适当在建筑下部增加几分暗调，使画面锦上添花。画建筑速写不能面面俱到，画面有几处精彩之处就够了。

新老建筑的配合

现代建筑植入老建筑之中所形成色彩、质感、光影的对比。绘画时抓住现代建筑的结构特征，着重刻画建筑光影的变化和玻璃的质感。粗排线的应用，使建筑有了丰富的变化。

啤酒博物馆

　　两侧的建筑透视端点形成画面的趣味中心。画面借用素描手法，利用排线的粗细、节奏的快慢、黑白灰色调的对比，使画面增添几分轻松与愉悦。

伯尔尼

　　伯尔尼是瑞士一座古老的城市，商业街两侧的建筑亲切感人，古朴凝重。丰富的外墙材料所形成的不同质感使整条街道倍显古朴亲切。此画采用多变的线条，粗犷而流畅，使画面生动有趣。

伯尔尼街景

伯尔尼街景

瑞士. 因特拉肯

瑞士. 伯尔尼老城

瑞典建筑

瑞士．伯尔尼建筑

瑞士．伯尔尼小巷

瑞士小镇

伯尔尼建筑

伯尔尼一角

挪威．奥斯陆高台跳雪场

FOUR

阿尔卑斯山小屋

瓦萨船舶博物馆

哥本哈根的建筑

瑞士．伯尔尼

FOUR

丹麦 · 哥本哈根港湾的吊船

古罗马广场遗址

第五章
计算机绘画室内与环境小品实例

　　计算机绘画不仅仅是表达思想的便捷工具，也是捕捉瞬间闪现的灵感的有效方法。用心灵去领悟，使我们从中获得启迪，并把一个没有思想的机器转化成我们所期望的、可取的、随思想任意挥洒的画笔。

第五章　计算机绘画室内与环境小品实例

第一节　计算机钢笔绘画——室内

　　每一位建筑师都始终坚持着自己的信念，为创作出公众满意的图像和作品而努力，建筑室内设计和图像表现作为一种交流方式，其中图像的表达必须有可读性、实用性、艺术性。计算机技术应用到建筑设计领域的同时，提高了对徒手画的兴趣与欣赏价值。一方面反映了设计师的个性修养，同时也将个人印记渗透于作品之中；另一方面使交流之中的客户领略到设计师的个人修养和技艺，形成一种更为亲切的平台。本章所涉及的室内设计表现图将设计师从试图摆脱机器的束缚到充分驾驭计算机之后的变化，展现得淋漓尽致。这一章节的室内设计作品都是在一小时内完成的，为高效率的工作提供了一个广阔的空间。

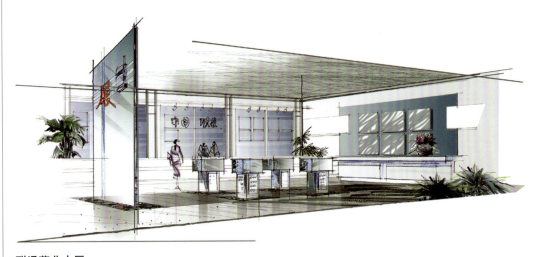

联通营业大厅

FIVE

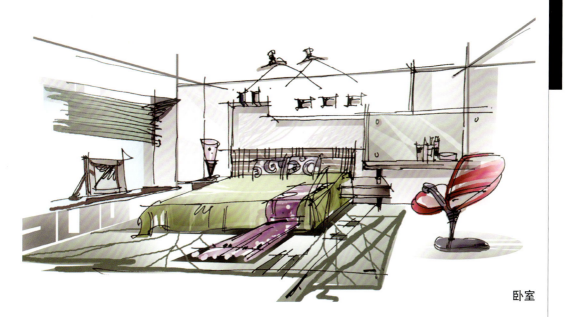

卧室

卧室

联通展示大厅方案

联通综合服务区方案

贵宾休息区

联通营业柜台方案草图

客户休息、饮吧、服务展示

卧室方案设计

书房设计

卧室

卧室

餐厅设计

卧室一角

书房设计方案

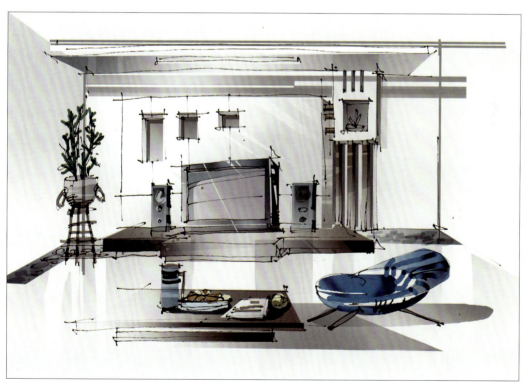

客厅设计方案

卧室方案

餐厅设计方案

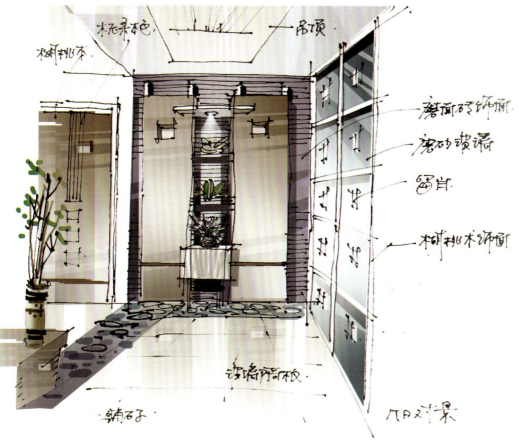

门厅设计方案

酒吧台设计方案

第二节　计算机钢笔绘画——环境小品与人物

深思

吹号的女人

　　桥面上大面积着色完成后，用Photoshop中钢笔笔触，勾勒出结构和明暗关系，花饰局部点缀，淡色的笔触，增强了画面的生动感。女人身上的遮布则画得较为轻松飘逸。

小品练习

将军青铜雕像

在莫斯科，勃罗金诺战役展览馆门前竖着一座纪念库图佐夫将军的纪念碑。将军手拉着缰绳，目光炯炯地凝视着前方。画面上我把下部士兵的形象删去了，刻意去追求一种将军的风范和气概，黄铜的厚重与凝练，背景运用马克笔的线形，经组合排列，烘托出整体的气氛。

柔美与刚劲、曲线与直线、阴与暗、收与放、严谨与随意，是这幅画整体风格的把握，用接近钢的灰色，去表现桥梁锈迹斑斑的特点。女人雕像则留出大量白色，以便从灰色的背景之中凸显出来，并在画中拉出了许多光影，增强了画面的层次感。

眼望前方的女人体

  用喷枪喷绘出不同的色彩，色彩风格要一致，轻重不同要拿捏，再把人物背光部分加暗，并加深阴影，拉出光线并按衣纹的走向施以中间色，刻画之中有收有放，用明暗关系衬托出人体的曲线之美。

塞纳河上女人的雕像

在法国巴黎，塞纳河从城中蜿蜒流淌，穿越它有许多著名的桥梁，而这些都与装饰雕刻联系在一起。内容之丰富，形态之多变，达到了技术与艺术完美奇异的结合，形成桥的艺术博览会。在塞纳河畔，我无暇顾及千姿百态的桥梁，在一处桥梁上对一尊柔美的女人雕像产生了浓烈的绘画冲动，因为这种曲线与钢结构的桥梁放在一起，形成了强烈的反差和视觉冲击，柔美与刚强的组合使它在我心中难以忘怀。

巴黎女子坐像雕塑

　　漫步在巴黎街头随处可见一尊尊雕像装点着建筑，与干道形成有趣的城市景观。这些雕像用统一而凝练的语言向后人讲述着一个又一个动人的历史故事。这几座身穿长衣的女子雕像安详地坐在带有花饰的椅子上凝望着前方。画面上线条随意而奔放，用浓厚的色彩和有力的笔触，刻画衣纹的色泽和结构明暗的关系，随意点缀一些暗色反映出雕塑的质感。

FIVE

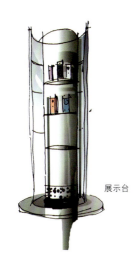

展示台

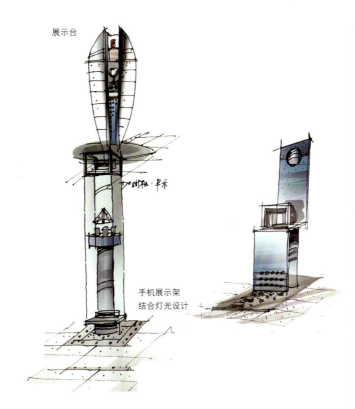

展示台

手机展示架
结合灯光设计

全玻璃展示柱

宣传展示牌

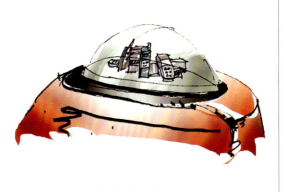

室内环境陈设家具

配景人物练习（一）

配景人物练习（二）

第六章
用Photoshop绘制建筑效果图实例

建筑是技术与艺术的综合体,是人们物质与精神寄托的伊甸园。一项充满创造力和想像力的建筑方案,可能成为一件流芳百世的建筑作品,好作品的诞生,更要经过无数的构思过程去完成。

第六章　用 Photoshop 绘制建筑效果图实例
SIX

　　建筑绘画作为一种交流语言，生动艺术地再现了设计师在设计道路上的心路历程，一幅独具个性的表现图不仅能成为连接观赏者心灵的纽带，更拉近了与观赏者之间的距离。

　　本章所涉及的内容是描述用 Photoshop 软件直接在计算机里绘画出建筑效果图的细节过程。它具有一定的写实性、写意性。不用花费大量的时间和精力去建模，我们可以直接在计算机里勾画线条、着色、渲染，这将使整个图面生动、活泼、有个性，也消除了计算机绘画呆板、生硬的弊端。

　　详细绘画步骤见后述。

第一步，注意处理好地平线、视平线和灭点的关系。

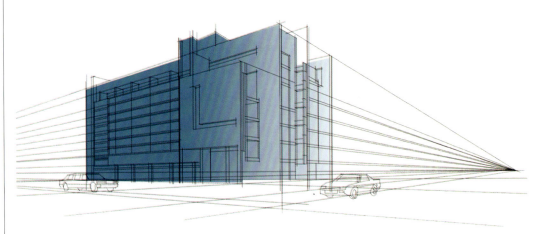

第二步，在线条透视图下另新建图层，用套索工具（L）在色框里点取玻璃颜色从左到右做退晕处理。

第三步,在玻璃层面上,用套索工具(L)框出需要表现的玻璃,用加深或减淡工具(O)刻画玻璃的高光。

第四步,在玻璃层面上,另建一图层,设为墙面层用套索工具(L)勾出建筑的外框,点取所需的外墙色彩,用油漆桶(K)工具填充。

第五步,用退晕工具(G)从右到左处理建筑的外墙的退晕,并用套索工具(L)框出建筑的背光面,用加深工具(O)加深背光面使建筑有了体积感。

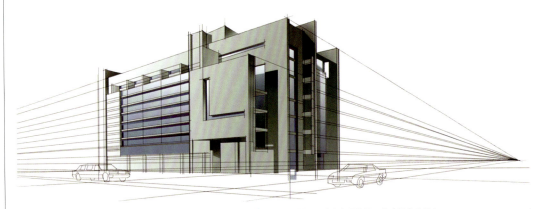

第六步,用套索工具(L)勾出建筑的阴影,用加深工具(O)画出建筑的阴影,反映出光照效果,使建筑生动起来。

■ 注意建筑物的明暗、光线、质感、立体感的刻画,突出重点反映主体,在图中该强的地方要强,该弱的地方要弱,统一协调是关键。

第七步,用套索工具(L)框出玻璃层面,点击Delete去掉压在玻璃上的外墙层面露出底面的玻璃。

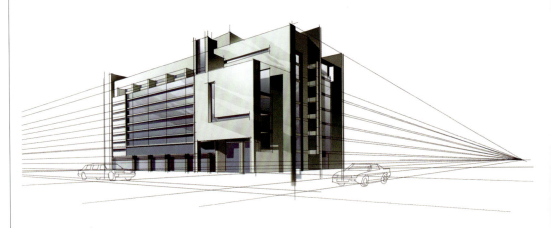

第八步,在玻璃层面上作阴影或线条。

第九步,深入刻画玻璃的细节质感、光影和周围景物映在玻璃上的影像。

第十步,用套索或直线工具(N)画出汽车轮廓利用喷枪工具(J)喷出汽车的色彩。

第十一步,用套索工具(L)框出所要表现的地面,用喷枪工具(J)点取不同的地面进行色彩喷绘。

第十二步,在整个建筑的最后一层画出配景建筑、树木,注意比例和色彩关系的协调。也可以建立自己的图库,绘制时按需要从图库里调出所需的素材。本幅画中的人物、前景的松树就是用此方法。

第十三步,从图库里调出一张天空的照片,为使整个画面协调一致需对天空再做修饰。

第十四步,用魔棒工具分别点取天空的蓝色、灰色、白色,依次建几层,喷出不同的色彩,并调整透明度直到满意为止。

第十五步,对整个图面从整体到局部作些调整,该加深的加深,该提光的提光,使整个画面风格与色调保持一致,力求反映出主体建筑的特征。满意后再合层,存档。绘制这幅建筑画所需时间约为 100 分钟。

POST SCRIPI 后记

我与计算机画的情缘

可以说我从事计算机绘画是从1999年开始的，由于设计工作的要求，鉴于方案的审定者、决策者对真实效果的要求，无奈之下，只好冒险尝试着在计算机面前，小心翼翼的移动着鼠标，绘制出我的第一张计算机效果画。如照片般真实的效果，给我的建筑创作带来了无与伦比的方便快捷，令我兴奋不已。

随着时间的推移，运用掌握和驾驭计算机的技能越来越娴熟，对软件运用也日趋成熟，设计方案无数次以照片般详实的效果，打动着审视者的心。日子久了，也会免不了问自己，我到底是个设计者，还是个匠工，把本来不够聪慧的脑袋和不够灵活的手，交给这台计算机，把自己的情感、思想，按程序固定下来，让一种热情消失，只得到了便利的迟钝，这不是我所追求和向往的。

记得儿时，常常和小伙伴们到汉江河畔看大人们写生绘画，我当时第一次有了想当画家的冲动，于是，晚上展开一张大纸，经过一夜的努力，画出了我平生第一张画，在家人的鼓励赞许下，我如愿以偿地得到画笔和颜料，于是装模作样的拿起画笔，外出看风景、写风景。努力之中，还混入了学校的美术小组，课余之间办板报、画报，动乱的岁月使我失去了许多学习文化课的机会，但我却掌握了一些绘画的技艺。1978年高中毕业作为知青上山下乡接受贫下中农再教育，劳动之余，给农民家里画几张装饰画，换来些好吃的，帮助公社画壁画挣几天的工分，令知青点的伙伴们羡慕不已。儿时的经历激发了我的艺术灵感，而技艺又赋予我生活的通行证。

参加工作由于绘图水平比别人高出一筹，于是被派往湖北省规划设计研究院，师从省规院马同训先生门下学习城市规划设计，老人家的谆谆教诲，至今还萦绕在心田。记得老人家指着一位老建筑师对我说："这个人以前是我们院的打杂工，但今天却是一位很有资历的建筑师，你的绘画有一定的基础，应该去学习建筑学。"勤杂工－建筑学－建筑师，一条不平常的路。

朦胧之中，一种渴望的冲动，我隐隐感到自己已探寻到人生追求的起点和方向。那就是从勤杂工做起，直至迈向一种神圣的事业——建筑师。

从第一次我踏入西安建筑科技大学学习建筑学，后又入同济大学这所著名的学府学习，圆了我人生的求学之梦，成了一名建筑师。每一个所谓成功的建筑师，实际也是发现自我的建筑师，都在其设计过程中慢慢地发现并完善自我。作为一名有个性的建筑师，锤炼基本功最有效的方式是——用心、用脑、用手、用身躯去徜徉于自然之中，穿梭于大街小巷，去感受自然的神奇、壮美，去领略空间给人的欢愉，不断完善、充实自己，为梦想搭建起坚实的平台。

1988年南下风正在孕育着，我毅然地扶妻携子赴阳关之外的酒泉工作，丝绸之路的无垠沙漠，戈壁莫高窟里的先辈们，姿势飘逸的画卷，地域环境孕育的建筑形态无不震撼着我。当我置身在浩瀚的大漠之中，才深切的感受到，人类竟是这般渺小和孤立。大漠孤烟，雄伟壮阔，苍茫天地间，数数村落，点点绿洲，让人顿时眼睛一亮，这里的建筑居然能与恶劣的自然环境在抗争中构筑出属于自己的位置、风格和形态，于是我有了第一次在自然环境启迪下的论文——《建筑是环境孕育的生命》，在第二届西部建筑学术研讨会上宣读发表，并举办了以西部建筑为题材的建筑画展。古人说得好，"外师造化，中得心源"。建筑师面对大自然的任何景色，及自然环境中的人文景观，建筑风格形态，无不多问几个为什么。沙漠戈壁的粗犷、广袤，浩瀚大海的坦荡豁达，山村小景的祥和安静，都市里的激昂亢奋。通过观察自然环境去感受、去不断思索、去深入地表达，才能更好地塑造我们的自然、建构更贴近人类感情的建筑。这段日子里，我的脚印在沙漠中延伸，在古丝绸之路上种下了我的梦，同时也留下了我的思想和设计作品——莫高酒店、酒泉第二幼儿园、世纪大厦等建筑。

我是一个不安于现状的人，拥有一颗永不满足现状，对新事物接纳的情结。对生活的理解，对美的渴望，又一次促使我离开了生活工作五年之久的酒泉城，来到京津走廊间称之为明珠之城的河北廊坊。京津两地浓厚的艺术环境、文化氛围不断催生崭新的我，在建筑领域这个宏大的艺术磁场里，有一种定向的吸引力始终缠绕着我的灵魂。那些钢筋混凝土的重重构造，张张蓝图的线条符号纵横交错，无时不在脑海里挤闯辗压，隐隐地感觉到这些美妙的东西孕育在建筑中，却又没有建筑这么沉重和具体，总想把积淀在心中美妙的东西表达出来，却又总是不能得心应手，为此消沉苦恼。终于有一天在绘制一张效果图时，借助计算机和 Photoshop 软件，几个绘画命令的特殊效果，与萦绕已久的急于表达的意愿不谋而合，借着几份胆量和一点绘画的功底，将几道计算机的命令，转化为一种心灵思考迸发出的技巧，绘制出具有一定风格的一种写意形式的计算机水彩图。

  2004 年由于工作的需要，由建筑设计院调至规划局担任总建筑师，参与了许多大型建筑设计和设计方案的评审工作。看的机会、听的机会多了，感触也就多了。从许多设计方案中可以看出设计人员构思及思维的全过程，用草图或图解的方式，从局部到整体、从模糊到清晰的过程，寥寥的数笔，传递着思想的理念轨迹，让人信服。但也有些设计方案，不重视方案的设计构思，精美的效果图乍一看，非常吸引人，但细细品味起来，缺乏一种思想理念的支撑，把大量的时间用于表现制作一张精美的绘画上，却耗却了设计师的创作热情或灵感。还有许许多多的建筑师，由于受到表现技法的瓶颈制约，渴望和失落的矛盾一直困扰着他们。一种情况是把热情和创作的冲动全部用于方案构思上。剩下的工作交给绘图公司来完成，往往绘制出来的图与设计师所表现的初衷相违背。第二种情况则相反。如何突破表现手段和技法的限制，如何使建筑师能够从矛盾中解脱出来，在构思过程中释放出巨大的创作欲望和海阔天空的构思思想。这是我们今天所面临的一种挑战。如何明智地选择恰当的技法、手段来达到我们的设计初衷，阐明和实现我们的设计思想。建筑表现作为建筑设计构思过程中的一个重要环节，可以衡量一名设计师艺术素质和综合能力。与建筑所具备的特性一样，建筑绘画同时具有实用性和审美性的双重价值。线条、体块、色彩、笔触都能给人以赏心悦目之感。可以说，建筑绘画在表现手段上的

ABOUTAUTHOR | 作者简介

■ **杨少杰**

1960年出生于湖北省老河口市,毕业于西安建筑科技大学建筑系,后又在同济大学、清华大学进修深造。国家级注册建筑师、高级建筑师。

■ **曾任** ＼ 湖北省老河口市规划设计研究所所长
　　　　　甘肃酒泉市建筑规划设计院副院长
　　　　　河北廊坊市建筑设计院总工

■ **现任** ＼ 河北省廊坊市规划局总建筑师
　　　　　中国室内装饰协会及国际室内设计师／室内建筑师联盟会会员

■ **论著** ＼《建筑环境孕育的生命》
　　　　　《城市环境美的创造》
　　　　　《为中国当代建筑环境采撷来自印度的经验》
　　　　　《城市环境色彩的艺术表达》

■ **成果** ＼ 河北省建筑画竞赛优秀奖
　　　　　廊坊市城市规划展览馆方案设计
　　　　　北京旧城优秀近现代建筑普查研究
　　　　　廊坊北三县城市空间战略研究
　　　　　廊坊市文化艺术中心前期策划及负责设计主持
　　　　　河北省会议中心廊坊厅室内设计
　　　　　工商银行廊坊分行金融大厦建筑设计
　　　　　廊坊市蓝水湾居住小区规划
　　　　　甘肃敦煌莫高酒店设计
　　　　　敦煌世纪商厦等工程

吸纳、创新，也是一种独立的艺术形式，是通过视觉艺术的方式再现的情感和精神。

正如波德莱尔所说："一幅优秀的、忠于赋予它生命的梦想的绘画，必须像创造世界一样创造出来"。把构思的梦想付诸实现，这正是我们所追求的。随着社会的飞速发展，计算机技术冲击着我们生活的方方面面，成为我们生活中不可缺少的一部分，我们的设计毫无疑问的怀着极大的热情接纳了它，从而给我们带来了无与伦比的便利和实惠；时间久了，困惑、疑问、相似和无动于衷、缺乏个性、千人一面，创作热情的消蚀，使得建筑的表现与计算机技术的应用成了挡在我们面前的一道道屏障。

今天，建筑师对不同的绘画技法的适用性和适应性的掌握，也在不断的摸索之中。如何使计算机真正成为我们表达思想、抒发情感、任凭思绪自由挥洒的工具。像握在手中的画笔，把思想转变成现实。就要求设计师不仅要熟练掌握计算机技术，更要具备良好的设计学以及绘画艺术方面的素养及品味，这就是我写这本书的初衷，其实这本书也是一种探索学习的过程，一个抛砖引玉的过程。

ACKNOWLEDGEMENTS | 感谢

　　本书大部分绘画是在"非典"期间完成，清静的两个月里使我有机会、有时间埋下头做一些自己喜欢的事情，绘制的建筑画也可供自己欣赏。在这里我非常感谢陈文平、张在元、孙成仁、李存东、李继军先生给予我的勇气和自信，才能使这本原来供自己欣赏的书现在可以与读者共享。

　　感谢余正伦先生给予本书提出的意见和建议，使这本书的内涵得到更宽的延展。

　　感谢中国建筑工业出版社的老编审们对本书精心的润饰。

　　感谢孙建群、徐海建先生的鞭策激励，使自己在专业上体验到由技艺到思想的转变。

　　感谢两院院士、尊敬的吴良镛先生在百忙的工作之余给予的谆谆教诲及对本书提出的指导性意见，体现了一位学风严谨、谦和求精的老前辈对晚辈的鞭策引导，谨将我内心无尽的感激之情常常叩谢。